资助项目：

重庆市高等教育教学改革重点研究项目《新文科背景下"创新思维场景"训练融入环境设计课程群教学实践研究》（编号：222117）

AESTHETIC PRINCIPLES AND FUNCTIONAL DESIGN
OF URBAN PARK LANDSCAPE SYSTEMS

城市公园景观系统美学原则与功能设计

谭晖 著

中国建筑工业出版社

图书在版编目（CIP）数据

城市公园景观系统美学原则与功能设计 = AESTHETIC PRINCIPLES AND FUNCTIONAL DESIGN OF URBAN PARK LANDSCAPE SYSTEMS / 谭晖著．—北京：中国建筑工业出版社，2023.7（2025.3 重印）

ISBN 978-7-112-28974-5

Ⅰ．①城… Ⅱ．①谭… Ⅲ．①城市公园—景观设计—研究②城市公园—景观美学—研究 Ⅳ．①TU986.2 ②TU984

中国国家版本馆CIP数据核字（2023）第142458号

　　在现代城市生活中，公园作为城市生态环境的重要组成部分，其景观设计和功能性设计成为城市规划和设计的重要课题。从此角度出发，探讨城市公园景观系统的设计原则、美学价值观以及如何将功能设计与景观系统融合，以创造出具有美学价值和功能性的城市公园景观。本书集理论与实践于一体，全面探讨了城市公园景观系统的美学原则和功能设计。其内容丰富，涉及了景观设计的理论基础、设计方法和技术，以及案例研究、实践经验等，为城市公园景观设计提供了全新的视角和深入的理论支持。本书适用于从事城市设计、园林景观设计的工作人员，以及高等院校在校师生阅读参考。

责任编辑：张　华　唐　旭
封面设计：陈贤湫
版式设计：锋尚设计
责任校对：芦欣甜
校对整理：张惠雯

扫一扫阅览数字资源

城市公园景观系统美学原则与功能设计
AESTHETIC PRINCIPLES AND FUNCTIONAL DESIGN OF URBAN PARK LANDSCAPE SYSTEMS

谭晖　著

*

中国建筑工业出版社出版、发行（北京海淀三里河路9号）
各地新华书店、建筑书店经销
北京锋尚制版有限公司制版
北京中科印刷有限公司印刷

*

开本：787毫米×1092毫米　1/16　印张：13¼　插页：1　字数：363千字
2023年7月第一版　　2025年3月第二次印刷
定价：**68.00**元（含增值服务）
ISBN 978-7-112-28974-5
　　　（41712）

前言

  《城市公园景观系统美学原则与功能设计》是一本集理论与实践于一体的专业书籍，全面探讨了城市公园景观系统的美学原则和功能设计。这本书内容丰富，涉及了景观设计的理论基础、设计方法和技术，以及案例研究、实践经验等，为城市公园景观设计提供了全新的视角和深入的理论支持。

  本书的写作背景，主要是为了回应当前城市公园景观设计的热点问题和挑战。随着城市化进程的加速，城市公园作为城市的重要组成部分，其在城市生态环境保护、城市生活品质提升、城市文化传承等方面的重要作用日益凸显。然而，如何在有限的空间内，创造出既美观又实用的公园景观，是设计者面临的一大挑战。本书致力于研究和探索城市公园景观系统的设计原则、美学价值观以及如何将功能设计与景观系统融合，以创造出具有美学价值和功能性的城市公园景观。在现代城市生活中，公园作为城市生态环境的重要组成部分，其景观设计和功能性设计成为城市规划和设计的重要课题。本书从这样的角度出发，探讨城市公园景观系统的设计原则、美学价值观以及如何将功能设计与景观系统融合，以创造出具有美学价值和功能性的城市公园景观。

  本书首先阐述了景观设计的理论基础，包括城市公园的定义、分类和设计原则；然后深入探讨了城市公园景观系统的美学价值观和功能设计，包括公园空间美学体系、视觉要素设计、功能设计与植栽配置融合，通过以上内容的学习有助于读者全面了解和掌握城市公园设计的相关知识；最后借助设计实践案例分析，进一步展示理论应用到实践，创造出具有美学价值和功能性的城市公园景观。总的来说，这本书从理论和实践两个层面，全面而系统地阐述了城市公园景观系统美学原则与功能设计，为城市公园景观系统的设计和规划提供了重要的理论支持和实践指导。本书拓宽了传统城市公园学习的边界，弥补了学习过程中所面临的知识断层和实践脱节问题。同时，本书所提出的新颖思路和实用方法也为城市公园设计领域的从业人员提供了有益的参考和借鉴，推动了公园设计的创新发展，为城市公园景观设计提供了新的理论和实践参考，对推动城市公园景观设计的发展，提升城市生活品质，具有重要的理论和实践意义。

  本书对于理解和探索城市公园景观系统的美学原则和功能设计提供了宝贵的理论资源。本书的意义不仅在于它对于城市公园景观系统的美学原则和功能设计的全面阐述，更在于它对于如何将这些原则和设计理念融入实际的城市公园景观设计中的深入探讨。因此，本书从理论层面深入剖析了城市公园景观系统的设计原则，有助于读者更好地掌握和运用设计原则，提高城市公园景观设计的质量和效果。对于城市公园景观系统的美学价值观进行的深入研究，有助于读者更好地理解和把握城市公园景观的美学特性，从而更好地设计和创造出具有美学价值的城市公园景观。

本书注重实用、适用的原则，摈弃了过多繁杂、枯燥的内容，图文并茂、通俗易懂、深入浅出地阐述了城市公园景观系统的美学原则和功能设计，以图达到理论探讨与实际设计相结合的学习目的。本书的出版离不开许多人的帮助，我深表感激。感谢我的学生们，包括陈贤湫、李羚子和梁丹华帮助整理第一章、第二章、第三章的图片，肖宛宣、高佳会帮助整理第六章的文字与图片，马振凯和陈贤湫帮助整理第八章设计实践的文字与图片。感谢中国建筑工业出版社张华编辑的细心工作，使本书得以顺利面世。最后还要感谢已经在该领域做了大量研究和实践工作的老师和前辈，感谢引用和参阅内容的作者，没有前人的工作基础，我难以完成本书。

由于时间仓促及笔者水平有限，不足之处，恳请广大读者批评指正。

谭 晖

2023年于四川美术学院虎溪校区

目录

第八章　设计实践　-181

第一篇

城市公园景观系统的设计原则

第一章　城市公园概述

设置专门蜂孔小木
屋，吸引昆虫入住产卵。

▲食茱萸

▲酒饼簕

▲茴香

设置多样化的植物，为七星瓢虫、六斑异瓢虫、蚜虫、蟋蟀、中华螳螂、
玉带凤蝶、金凤蝶、柑橘凤蝶及青凤蝶提供食物。

01

第一章

城市公园概述

第一节
城市公园的形成与发展

一、基本概念

城市公园一般是位于城市范围之内，经专门规划建设的绿地，供居民日常进行游览、观赏、休息、保健和娱乐等活动，并起到美化城市景观面貌、改善城市环境质量、提高城市防灾减灾功能等作用。

按照2002年我国颁布的《城市绿地分类标准》，公园绿地的定义为：向公众开放、以游憩为主要功能，兼具生态、美化、防灾等作用的绿地。

《中国大百科全书·建筑园林城市规划》对公园的定义是：城市公共绿地的一种类型，由政府或公共团体建设经营，供公众游憩、观赏、娱乐等的园林。

二、西方与中国城市公园发展概述

（一）西方城市公园的发展

最初的西方传统园林主要是为少数统治阶级和私人服务，很少有为大众开放的公共园林，所以尽管世界造园已有6000多年的历史，但公园的出现却只是近一二百年的事情。1843年英国利物浦建造了公众可免费使用的伯肯海德公园（Birkenhead Park），标志着第一个城市公园正式诞生。

现代意义上的景观设计是以一系列城市公园为开端的，被称为"美国现代景观之父"的弗雷德里克·劳·奥姆斯特德（1822—1903）等众多的西方现代景观设计先驱怀着对社会服务的理想，规划和建设了许多城市公园系统。如1854年纽约的中央公园（图1-1-1）、1870年旧金山的金门公园等。城市公园是被称为"景观建筑"设计原则的主要产物之一。人们甚至认为，"景观建筑师"这个头衔，是奥姆斯特德和卡尔弗特·沃克斯（1824—1895）在设计纽约中央公园时第一次使用的。这一时期的城市公园大多抛弃了集权式的古典主义景观和体现绝对君权的象征，设计作为民主社会普通人生活的一部分来到公众的生活。

城市公园是西方现代城市化的产物，公园的形式、功能与城市的景观及城市生活都密切相关。随着城市化进程的不断加快，大量的高楼大厦挡住了远处的自然风景甚至

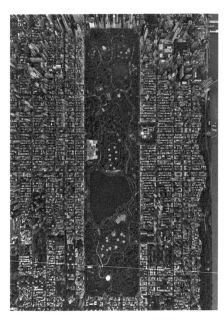

图1-1-1　美国纽约中央公园卫星航拍图

天空，因而城市公园起到了调节城市环境的作用。城市公园不仅在形式上要与现代城市的风格相互融合，还要满足市民各种功能上的需求。城市公园需要建构一个完整的、均衡分布和灵活自由的室外开放空间系统，它可以向不同年龄、不同兴趣、不同性别的城市居民提供丰富多彩的休闲娱乐活动。如果说西方的传统园林强调的是装饰性的、正统的空间，园林经常被当作建筑的背景，而不是满足人们对可用的室外开放空间的真正需求，那么在今天的城市公园设计中，则是强调空间的多用途性，用各种造园要素塑造不同的空间形式，来满足各种视觉和功能上的需求。

（二）中国城市公园的发展历史

中国城市公园的建设开始于1840年以后，之前的古典园林，都是私人所有，不是现代意义上的公园。中华人民共和国成立以后，这些私家园林逐步对外开放，让一般民众也能欣赏到传统园林的山水之美。（图1-1-2）

1840年后，帝国主义纷纷入侵，为了满足自己游憩活动的需要，将欧洲的"公园"引进到上海，当时公园的风格是英国风景式和法国规则式，有草坪、树林、花坛和修剪的树木，极少有建筑。因此，1949年前，我国城市公园面积小、数量少、发展缓慢，公园的景观设计基本停留于模仿阶段。

改革开放以后，到20世纪80年代末，我国城市公园有了较大的发展，但公园的规划设计主要以休闲游憩为目标，各个功能区的设置以及公园内各项设施都是为不同类型的游人服务。景观设计以造景为主，植物的搭配主要是满足观赏的要求。总体布局也不甚合理，中心城区绿地少，且建筑密度、人口密度都很高，难以满足市民需求。

20世纪90年代，随着改革开放步伐的加快，城市公园不仅在数量上有所增加，在设计理念上也有了重大变化。生态园林的提出，使人们提高了对城市公园的功能和作用的认识，改善城市环境、维持城市生态平衡成为城市公园的一个重要功能。城市中生物多样性的研究、绿地效益的研究、城市绿量的研究、城市植被的研究等都为城市公园建设打下了较为坚实的理论基础。

图1-1-2　素有金陵第一园之称的瞻园

第二节
城市公园的功能与分类

一、城市公园的功能

（一）城市公园首要功能——休闲

现代城市公园是为城市居民提供的具有一定使用功能的自然化游憩空间，城市公园作为城市的公共空间，最直接、最重要的功能是满足城市居民休闲、游憩活动的需要。

随着经济的快速发展，城市生活正在逐步背离人们所追求的健康目标。城市化程度越来越高，而供人们日常户外活动的场地却越来越少。如何在城市化过程中为居民提供更多的城市绿色空间，是城市经济可持续发展的关键。要创造城市绿色生活，还居民以健康，关键在于建设良好的生态环境，从而为市民提供一个休闲活动的平台。城市公园作为城市的主要绿色空间，起到了净化空气、降低辐射、调节区域气候等重要作用，它维持着城市的生态平衡，同时更重要的是城市公园应提供可供公众享受绿色休闲生活的场地，让市民在工作之余能够休息、小孩能够玩耍、老人能够锻炼等，以此推动城市生活质量的持续改善。

人有亲近自然的天性和权利，满足人的心理和活动要求，是城市公园的一个重要作用。在城市公园的设计和建设中，应遵循生态环保的原理，合理规范和引导人的活动，创建人与自然和谐共生的场所。所以，城市公园的首要功能就是作为城市公共空间，满足市民休闲活动的功能。（图1-2-1、图1-2-2）

（二）防灾避险是公园的重要功能

城市公园由于具有大面积的公共开放空间，在城市的防火、防灾、避难等方面具有很大的安保作用。2008年5月12日下午，四川汶川发生8.0级地震，地震波及的地区，许多公园成了避难所，成千上

图1-2-1　成都麓湖水线公园中成为市民夏日纳凉、戏水、休闲的好去处

图1-2-2　深圳天璟公园成为市民日常运动交流、缓解压力的好地方

万的市民到公园绿地中避灾。在《关于加强防震减灾工作的通知》（国发〔2004〕25号）明确指出"要结合城市广场、绿地、公园等建设，规划设置必需的应急疏散通道和避险场所，配备必要的避险救生设施。"因此，城市公园在灾中的避难和灾后的安置重建中将起到了重要的作用。

（三）维持城市生态平衡是城市公园的主要功能

城市公园的环境功能，其主要任务是发挥维持生态平衡，改善人类生存环境的作用，主要包括以下几个方面：（1）维持氧气和二氧化碳的平衡；（2）净化大气中的有害物质；（3）减少噪声；（4）调节气候；（5）涵蓄降水，减少径流；（6）为鸟类和昆虫提供食物和栖息地等。（图1-2-3、图1-2-4）

图1-2-3　公园中各要素的生态平衡原理也可作为市民的科普教育素材一

图1-2-4　公园中各要素的生态平衡原理也可作为市民的科普教育素材二

（四）城市公园的经济功能对当地经济发展具有积极的作用

公园就像一个磁场，不仅具有吸引游客的作用，还能发挥潜在的能量辐射作用。由于城市环境的日益恶化，城市公园作为城市的主要绿地，带动城市经济发展的作用越来越明显。城市公园最显著的经济功能是能使周边的地价和不动产升值，吸引投资，从而推动该区域经济和社会的发展。凡是邻近公园和绿地的地方，房地产市场都上涨。如成都二环路南面建了浣花溪公园，房价由原来的每平方米均价5000多元升至均价35000元。（图1-2-5）

图1-2-5　浣花溪100号楼盘因靠近浣花溪公园而楼价升高

二、城市公园的分类

随着公园的建设和发展，为了统一全国城市绿地分类，2002年国家发布了《城市绿地分类标准》CJJ/T 85—2002，明确了公园绿地的分类。（图1-2-6、表1-2-1）

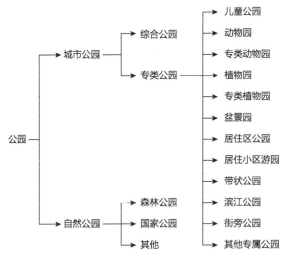

图1-2-6　城市公园分类

公园绿地分类 表1-2-1

类别代码			类别名称	内容与范围	备注
大类	中类	小类			
G1			公园绿地	向公众开放，以游憩为主要功能，兼具生态、美化、防灾等作用的绿地	
	G11		综合公园	内容丰富，有相应设施，适合于公众开展各类户外活动的规模较大的绿地	
		G111	全市性公园	为全市居民服务，活动内容丰富、设施完善的绿地	
		G112	区域性公园	为市区内一定区域的居民服务，具有较丰富的活动内容和设施完善的绿地	
	G12		社区公园	为一定居住用地范围内的居民服务，具有一定活动内容和设施的集中绿地	不包括居住组团绿地
		G121	居住区公园	服务于一个居住区的居民，具有一定活动内容和设施，为居住区配套建设的集中绿地	服务半径：0.5~1.0km
		G122	小区游园	为一个居住小区的居民服务、配套建设的集中绿地	服务半径：0.3~0.5km

类别代码			类别名称	内容与范围	备注
大类	中类	小类			
G1	G13		专类公园	具有特定内容或形式,有一定游艺、休憩设施的绿地	
		G131	儿童公园	单独设置,为少年儿童提供游戏及开展科普、文体活动,有安全、完善设施的绿地	
		G132	动物园	在人工饲养条件下,迁地保护野生动物,供观赏、普及科学知识,进行科学研究和动物繁殖,并具有良好设施的绿地	
		G133	植物园	进行植物科学研究和引种驯化,并供观赏、游憩及开展科普活动的绿地	
		G134	历史名园	历史悠久,知名度高,体现传统造园艺术并被审定为文物保护单位的园林	
		G135	风景名胜公园	位于城市建设用地范围内,以文物古迹、风景名胜点(区)为主而形成的具有城市公园功能的绿地	
		G136	游乐公园	具有大型游乐设施,单独设置,生态环境较好的绿地	绿化占地比例应≥65%
		G137	其他专类公园	除以上各种专类公园外具有特定主题内容的绿地,包括雕塑园、盆景园、体育公园、纪念性公园等	绿化占地比例应≥65%
	G14		带状公园	沿城市道路、城墙、水滨等,有一定游憩设施的狭长形绿地	
	G15		街旁绿地	位于城市道路用地之外,相对独立成片的绿地,包括街道广场绿地、小型沿街绿化用地等	绿化占地比例应≥65%

第三节
城市公园的规划标准

一、影响标准的因素

城市公园规划的标准，一般来说应以批准的城市总体规划和绿地系统规划为依据，它反映了城市的经济状况，与城市的规模、性质以及气候等因素息息相关，同时也反映了人们对绿化、景观和自然生态环境的需求。

城市公园的规划与城市规划的关系，一般应符合以下规定：

1. 市、区级公园的范围线应与城市道路红线重合，条件不允许时，必须设通道使主要出入口与城市道路衔接。

2. 公园沿城市道路部分的地面标高应与该道路路面标高相适应，并采取措施，避免地面径流冲刷、污染城市道路和公园绿地。

3. 沿城市主、次干道的市、区级公园主要出入口的位置，必须与城市交通和游人走向、流量相适应，根据规划和交通的需要设置游人集散广场。

4. 公园沿城市道路、水系部分的景观，应与该地段城市风貌相协调。

5. 城市高压输配电架空线通道内的用地不应按公园设计。公园用地与高压输配电架空线通道相邻处，应有明显界限。

6. 城市高压输配电架空线以外的其他架空线和市政管线不宜通过公园，特殊情况时过境应符合下列规定：

1）选线符合公园总体设计要求。

2）通过乔木、灌木种植的地下管线与树木的水平距离，应符合下列关于公园树木与地下管线最小水平距离的国家规定。（表1-3-1）

公园树木与地下管线最小水平距离（m）　　　　　　　　表1-3-1

名称	新植乔木	现状乔木	灌木或绿篱外缘
电力电缆	1.50	3.50	0.50
通信电缆	1.50	3.50	0.50
给水管	1.50	2.00	—
排水管	1.50	3.00	—
排水盲沟	1.00	3.00	—
消防笼头	1.20	2.00	1.20
煤气管道（低中压）	1.20	3.00	1.00
热力管	2.00	5.00	2.00

注：乔木与地下管线的距离是指乔木树干基部的外缘与管线外缘的净距离。灌木或绿篱与地下管线的距离是指地表处分蘖枝干基部的外缘与管线外缘的净距。

3）管线从乔木、灌木设计位置下部通过，其埋深应大于1.5m，从现状大树下部通过，地面不得开槽且埋深应大于3m。根据上部荷载，对管线采取必要的保护措施。

4）通过乔木林的架空线，提出保证树木正常生长的措施。

二、内容和规模

1. 公园设计必须以创造优美的绿色自然环境为基本任务，并根据公园类型确定其特有的内容。

2. 综合性公园的内容应包括多种文化娱乐设施、儿童游戏场和安静休憩区，也可设游戏型体育设施。在已有动物园的城市，其综合性公园内不宜设大型或猛兽类动物园展区。全园面积不宜小于10hm²。

3. 儿童公园应有儿童科普教育内容和游戏设施，全园面积宜大于2hm²。

4. 动物园应有适合动物生活的环境；游人参观、休息、科普的设施；安全、卫生隔离的设施和绿带；饲料加工场以及兽医站。检疫站、隔离场和饲料基地不宜设在园内。全园面积宜大于20hm²。专类动物园应以展出具有地区或类型特点的动物为主要内容。全园面积宜在5~20hm²之间。

5. 植物园应创造适于多种植物生长的立地环境，应有体现本园特点的科普展览区和相应的科研实验区。全园面积宜大于40hm²。专类植物园应以展出具明显特质或重要意义的植物为主要内容。全园面积宜大于2hm²。盆景园应以展出各种盆景为主要内容。独立的盆景园面积宜大于2hm²。

6. 风景名胜公园应在保护好自然和人文景观的基础上，设置适量游览、休憩、服务和公用等设施。

7. 历史名园修复设计必须符合《中华人民共和国文物保护法》的规定。为保护或参观使用而设置防火设施、值班室、厕所及水电等工程管线，也不得改变文物原状。

8. 其他专类公园，应有名副其实的主题内容。全园面积宜大于2hm²。

9. 居住区公园和居住小区游园，必须设置儿童游戏设施，同时应照顾老人的游憩需要。居住区公园陆地面积随居住区人口数量而定，宜在5~10hm²之间。居住小区游园面积宜大于0.5 hm²。

10. 带状公园，应具有隔离、装饰街道和供短暂休憩的作用。园内应设置简单的休憩设施，植物配置应考虑与城市环境的关系及园外行人、乘车人对公园外貌的观赏效果。

11. 街旁游园，应以配置精美的园林植物为主，讲究街景的艺术效果并应设有供短暂休憩的设施。

三、公园内主要用地比例

1. 公园内部用地比例应根据公园类型和陆地面积确定。其绿化、建筑、园路及铺装场地等用地的比例应符合表1-3-2的规定。

2. 在表1-3-2中，Ⅰ、Ⅱ、Ⅲ三项上限与下限之和不足100%，剩余用地应供以下情况使用：

（1）一般情况增加绿化用地的面积或设置各种活动用的铺装场地、院落、棚架、花架、假山等构筑物；

公园内部用地比例（%）

表1-3-2

陆地面积（hm²）	用地类型	综合性公园	儿童公园	动物园	专类动物园	植物园	专类植物园	盆景园	风景名胜公园	其他专类公园	居住区公园	居住小区游园	带状公园	街旁公园
<2	I	—	15~25	—	—	—	15~25	15~25	—	—	—	10~20	15~30	15~30
	II	—	<1	—	—	—	<1	<1	—	—	—	<0.5	<0.5	—
	III	—	<4	—	—	—	<7	<8	—	—	—	<2.5	<2.5	<1.0
	IV	—	>65	—	—	—	>65	>65	—	—	—	>75	>65	>65
2~<5	I	—	10~20	—	10~20	—	10~20	10~20	—	10~20	10~20	—	15~30	15~30
	II	—	<1	—	<2	—	<1	<1	—	<1	<0.5	—	<0.5	—
	III	—	<4	—	<12	—	<7	<8	—	<5	<2.5	—	<2.0	<1.0
	IV	—	>65	—	>65	—	>70	>65	—	>70	>75	—	>65	>65
5~<10	I	8~18	8~18	—	8~18	—	8~18	8~18	—	8~18	8~18	—	10~25	10~25
	II	<1.5	<2.0	—	<1.0	—	<1.0	<2.0	—	<1.0	<0.5	—	<0.5	<0.2
	III	<5.5	<4.5	—	<14	—	<5.0	<8.0	—	<4.0	<2.0	—	<1.5	<1.3
	IV	>70	>65	—	>65	—	>70	>70	—	>75	>75	—	>70	>70
10~<20	I	15~25	10~20	—	5~15	—	5~15	—	—	5~15	—	—	10~25	—
	II	<1.5	<0.5	—	<1.0	—	<1.0	—	—	<0.5	—	—	<0.5	—
	III	<4.5	<4.5	—	<14	—	<4.0	—	—	<3.5	—	—	<1.5	—
	IV	>75	>75	—	>65	—	>75	—	—	>80	—	—	>70	—
20~<50	I	5~15	—	5~15	—	5~10	—	—	—	5~15	—	—	10~25	—
	II	<1.0	—	<1.5	—	<0.5	—	—	—	<0.5	—	—	<0.5	—
	III	<4.0	—	<12.5	—	<3.5	—	—	—	<2.5	—	—	<1.5	—
	IV	>75	—	>70	—	>85	—	—	—	>80	—	—	>70	—
≥50	I	5~15	—	5~10	—	3~8	—	—	3~8	5~10	—	—	—	—
	II	<1.0	—	<1.5	—	<0.5	—	—	<0.5	<0.5	—	—	—	—
	III	<3.0	—	<11.5	—	<2.5	—	—	<2.5	<1.5	—	—	—	—
	IV	>80	—	>75	—	>85	—	—	>85	>85	—	—	—	—

注：I—园路及铺装场地；II—管理建筑；III—游览、休憩、公用建筑；IV—绿化用地。

（2）公园绿地形状或地貌出现特殊情况时园路及铺装场地的增值。

3. 公园内园路及铺装场地用地，可在符合下列条件之一时按表1-3-2规定值适当增大，但增值不得超过公园总面积的5%。

（1）公园平面长度比值大于3；

（2）公园面积一半以上的地形坡度超过50%；

（3）水体岸线总长度大于公园周边长度。

四、常规设施

（一）公园常规设施

常规设施项目的设置，应符合表1-3-3的规定。

公园常规设施　　　　　　　　　　表1-3-3

设施类型	设施项目	陆地规模（hm²）					
		<2	2~<5	5~<10	10~<20	20~<50	≥50
游憩设施	亭或廊	○	○	●	●	●	●
	厅、榭、码头	—	○	○	○	○	○
	棚架	○	○	○	○	○	○
	园椅、园凳	●	●	●	●	●	●
	成人活动场	○	●	●	●	●	●
服务设施	小卖店	○	○	●	●	●	●
	茶座、咖啡厅	—	○	○	○	●	●
	餐厅	—	—	○	○	○	○
	摄影部	—	—	○	○	○	○
	售票房	○	○	○	○	●	●
公用设施	厕所	○	●	●	●	●	●
	园灯	○	●	●	●	●	●
	公用电话	—	○	○	●	●	●
	果皮箱	●	●	●	●	●	●
	饮水站	○	○	○	○	○	○
	路标、导游牌	○	○	●	●	●	●
	停车场	—	○	○	○	○	●
	自行车存车处	○	○	●	●	●	●

设施类型	设施项目	陆地规模（hm²）					
		<2	2~<5	5~<10	10~<20	20~<50	≥50
管理设施	管理办公室	○	●	●	●	●	●
	治安机构	—	—	○	●	●	●
	垃圾站	—	—	○	●	●	●
	变电室、泵房	—	—	○	○	●	●
	生产温室荫棚	—	—	○	○	●	●
	电话交换站	—	—	—	○	○	●
	广播室	—	—	○	●	●	●
	仓库	—	○	●	●	●	●
	修理车间	—	—	—	○	●	●
	管理班（组）	—	○	○	○	●	●
	职工食堂	—	—	—	○	○	●
	淋浴室	—	—	—	○	○	●
	车库	—	—	—	○	○	●

注："●"代表设置，"○"代表未设置，"—"代表无需设置。

（二）公园设施应符合规定

公园内不得修建与其性质无关的、单纯以盈利为目的的餐厅、旅馆和舞厅等建筑。公园中方便游人使用的餐厅、小卖部等服务设施的规模应与游人容量相适应。

（三）游人使用的厕所

面积大于10hm²者按游人容量的2%设置厕所蹲位（包括小便斗位数），小于10hm²者按游人容量的1.5%设置；男女蹲位比例为1~1.5：1；厕所的服务半径不应超过250m；各厕所内的蹲位数量应与公园内的游人分布密度相适应；在儿童游戏场附近，应设置方便儿童使用的厕所；公园应设置方便残疾人使用的厕所。

（四）休憩设施

公用的条凳、座椅、美人靠（包括一切游览建筑和构筑物中的在内）等，其数量应按游人容量的20%~30%设置，但平均每1hm²陆地面积上的座椅数量最低不得少于20个，最高不得超过150个，分布应合理。

（五）交通工具停放设施

停车场和自行车存车处的位置应设于各游人出入口附近，不得占用出入口内外广场，其用地面积应根据公园性质和游人使用的交通工具确定。

（六）照明设施

园路、园桥、铺装场地、出入口及游览服务建筑周围的照明标准，可参考有关标准执行。

五、公园游人容量计算

公园游人容量是指游览旺季星期日高峰小时内同时在园游览人数。公园设计必须确定公园的游人容量，作为计算各种设施的容量、个数、用地面积以及进行公园管理的依据。

公园游人容量应按下式计算：

$$C=A/A_m$$

式中：C —— 公园游人容量，单位：人；

A —— 公园总面积，单位：m^2；

A_m —— 公园游人人均占有面积，单位：$m^2/$人。

市、区级公园游人人均占有公园面积以60$m^2/$人为宜；居住区公园、带状公园和居住小区公园游人人均占有公园面积以30$m^2/$人为宜；近期公共绿地人均指标低的城市，游人人均占有公园面积可酌情降低，但最低游人人均占有公园的陆地面积不得低于15$m^2/$人，风景名胜公园游人人均占有公园面积宜大于100$m^2/$人。

水面和坡度大于50%的陡坡山地面积之和超过总面积50%的公园，游人人均占有公园面积应适当增加，其指标应符合表1-3-4的规定。

水面和坡度面积较大的公园游人人均占有面积指标　　　　　　表1-3-4

水面和陡坡面积占总面积比例（%）	0~50	60	70	80
近期游人占有公园面积（$m^2/$人）	≥30	≥40	≥50	≥75
远期游人占有公园面积（$m^2/$人）	≥60	≥75	≥100	≥150

六、公园绿地指标计算

根据中国城市规划设计研究院的科研课题《城市绿地分类、定额和布局研究》提出的人均游憩绿地的计算方法，可以计算出公园绿地的人均指标和全市指标。

人均指标（需求量）计算公式：

$$F=\frac{P \times f}{E}$$

式中：F —— 人均指标，单位：$m^2/$人；

P —— 游览季节星期日居民的出游比例；

f —— 公园游人人均占有面积，单位：$m^2/$人；

E —— 公园游人周转系数。

大型公园：$P \geq 0.12$，60$m^2/$人$\leq f \leq 100m^2/$人，$E \leq 1.5$。

小型公园：$P \geq 0.20$，$f=60m^2/$人，$E \leq 3$。

城市公园总用地＝居民（人数）$\times F$。

第四节
公园景观设计要点

一、本质：开放性

城市公园从景观空间的意义上讲，其本质在于开放性。这里讲的开放性有两层含义，一是功能上的开放，即指没有门卫和出入管理，无活动时间限制，不收费，任何人、任何时间都可以进出使用；二是景观空间形态的开放性，即指开放性公园本身是城市绿地系统的有机组成部分，对城市整体景观具有积极贡献，是体验城市景观的重要场所。由此可见，现代城市公园的开放性特征表现为城市中以自然要素为主体的提供游憩的公共性景观空间。现代开放性公园管理主要有三个源头：一是古典园林或传统公园通过撤除围墙，取消出入管理与收费等措施后纳入城市整体的绿地空间系统，成为城市开放的绿色空间；二是城市大规模成体系的绿色空间，也许局部有出入管理，但整体上作为城市景观空间的重要组成部分，具有开放式公共性的特征；三是结合城市更新改造而新建的休闲绿地，比如开放的环湖公园、遗址公园、滨水公园和通过步行道连接的社区或城市的游园系统，城市中主要供休闲游憩的市民广场也可以归入此类。

城市公园的开放性体现为一种休闲型景观空间，其相对于封闭的传统公园或商业性的主题娱乐公园是有区别的。传统的公园通过门票的方式，限制了进入人群的数量和频率；目的性较强的游园活动实际上是介于旅游和休闲二者之间的一种行为方式；而主题娱乐公园由于大量商业设施的存在，往往成了刺激消费、满足猎奇心理的商业空间。随着社会的发展，人们已经不能仅仅通过以追求新的信息量为目的的需求，而是呼唤一种更为普及和日常化的景观空间，一种与日常生活相耦合的景观形式。由于作息制度的调整和老年化社会的需求，人们有了更多的闲暇时间，特别是老年人，对休闲活动提出了更多要求。目前，许多传统公园通过设立月票、年票等手段来吸引老年人群，或是通过破墙透绿的方法将公园的绿色融入城市景观，公园开发的趋势越来越明显。许多新建或改建的市民广场和城市游园进一步满足了城市人群休闲活动的需要。（图1-4-1）

图1-4-1　成都新建的开放式公园——成都高线公园

二、原则：可达性、休闲性、自然性

现代城市公园的景观规划设计应遵循可达性、休闲性、自然性的原则。

（一）城市公园的规划设计必须遵循可达性原则

1. 景观与生活的结合

城市公园应尽可能地与城市生活紧密联系。在规划选址时应将城市公园置于城市生活相对集中，特别是居住与商业密集的区域。与城市生态绿地不同，城市公园不能作为"见缝插针"的城市零碎地的填缝手段，也不应当用作周围开发地带的隔离缓冲区和分离街道与建筑的手段，它应当处于城市的重要地位。

2. 步行优先

城市公园的根本目的在于提供休闲的自然环境，从本质上讲，城市公园是提供一种步行环境的规划设计。城市公园强调步行的可达性，提倡人车分流或人车友好的道路系统，同时在规划选址、空间布局、景观设计各方面充分体现出对人的关怀。

3. 城市公园应重视连续的线形空间，以形成城市的生态与景观走廊

一方面，在空间规划时应通过连续的步行系统将点状的绿地公园串接起来，最大限度地使景观与城市生活衔接；另一方面，在对特定空间进行景观设计时，连续的道路与开敞空间相结合的交通与休闲空间应作为景观空间的主体要素来进行精心设计。

例如重庆新建的江北嘴公园，地处重庆最新规划的中央行政区，毗邻重庆大剧院和重庆科技馆，同时，在规划中还保留了原有的天主教堂，其建设位置很好地体现了城市公园的景观规划原则。在设计上，也实现了市民步行的较强可达性和公园内部人车分流的设计原则，是重庆市民休闲的好去处。（图1-4-2）

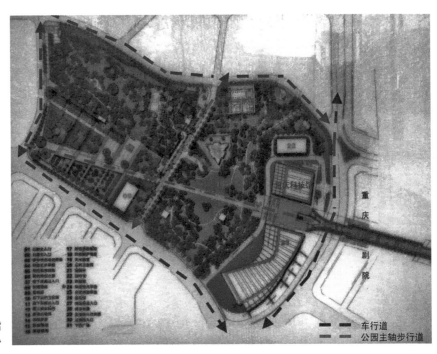

图1-4-2 重庆江北嘴
公园地处重庆行政中心

- - - 车行道
----- 公园主轴步行道

（二）城市公园的规划设计必须遵循休闲性原则

休闲不仅是游，更是憩，其目的是通过优美的环境调整身心，并进行非正式的人际交往。城市公园的规划设计要完成从传统的旅游空间向休闲空间的转化。旅游空间除了景观体验、调整身心的作用之外，还有一个重要的目的，就是提供更多的信息量以满足人们的猎奇与探究心理。休闲空间并不需要过多的信息量，但需要领域感、认同感和家园感。另外，休闲活动本身是一种以休憩为主，兼交往、文化、教育等社会功能的活动，同时也需要适度的商业服务设施。因此，城市公园通过复合性、全时性、领域性与自由性的功能特征来满足城市人群休闲的要求。

（三）城市公园的规划设计必须遵循自然性原则

设计中应以自然要素为主，忌人工物的堆砌，景观形式自然生动，富于变化。由于自然景观空间的多义性、模糊性以及自然元素花开花落的生命力的运动特征，个体在自然环境中往往表现出较佳的情绪和心情，这正是休闲活动的理想状态。

三、要素：自然、人工

城市公园的场地规划以某一地块内的人工景观和自然元素的协调与安排为基础，基地设计包括基地内自然元素与人工元素的秩序性、效率性、审美性以及生态敏感性的组织与整合。其中，基地的自然环境包括地形、植物、水系、野生动物和气候。生态和科学的设计有利于减少环境压力与消耗，从而提高基地的价值。

地形地貌是城市公园景观设计最基本的场地和基础。这里谈的地形，是指公园景观绿地中地表各种起伏形状的地貌。在规则式景观中，一般表现为不同标高的地坪、层次；在自然式景观中，往往根据地形的起伏，形成平原、丘陵、山峰、盆地等地貌。通常一般的景观设计中所涉及的部分，是后一部分内容。地形地貌总体上分为山地和平原，进一步可以划分为盆地、丘陵，局部可以分为凹地、凸地等。在城市公园设计时，要充分利用原有的地形地貌，考虑生态学的观点，营造符合当地生态环境的自然景观，减少对其环境的干扰和破坏。同时，可以减少土石方量的开挖，节约经济成本。因此，城市公园用地时的原有地形、地貌是影响总体规划的重要因素，设计时应遵循因地制宜的原则，运用地形特点，充分考虑自然要素与人工手段的结合，为整体布局公园规划创造坚实的基础。（图1-4-3、图1-4-4）

图1-4-3　人工景观和自然元素的协调共存一

图1-4-4　人工景观和自然元素的协调共存二

第二篇

城市公园景观系统的美学价值观

02

城市公园空间美学体系

第一节

城市公园空间的构成要素

城市公园的空间尺度，大致可以概括为公园地域中的建筑外墙线之间，可供游人开展游憩活动的狭义外部空间。狭义外部空间是相对建筑内部空间而言的，芦原义信在《外部空间设计》中指出："外部空间就是从大自然中依据一定的法则提取出来的空间，只是不同于浩瀚无边的自然空间而已。外部空间是人为的、有目的地创造出来的一种外部环境，是在自然空间中注入了更多含义的一种空间。"城市公园空间作为外部空间的一种类型，它是由人们创造的、有目的的外部环境，是比自然环境更有游憩意义的空间。

城市公园空间的构成要素可分为基本构成要素和辅助构成要素。

一、基本构成要素

基本构成要素是指限定基本空间的建筑物、高大乔木和其他较大尺度的构筑物，如墙体、柱或柱廊、高大的自然地形等。基本构成要素主要由地面和垂直方向的构件构成。地面是自然形成的，最多只是在其上面做出材料的铺设；建筑物、构筑物是垂直方向构件的主要构成要素，如城市空间基本是以建筑来组成和划分外部空间的，公园往往是由围墙、栏杆或植物等实体进行限定的。

二、辅助构成要素

辅助构成要素是指用来形成附属空间并丰富基本空间尺度和层次的较小尺度的三维实体，如矮墙、院门、台阶、灌木和起伏地形等。除了以上谈到的实体要素以外，城市公园空间还受到场地的自然地理环境、气候、水域——甚至传统民俗风情的影响，这些辅助要素共同参与城市公园空间的组成，从而形成公园游憩空间的特征。因此，如何利用好辅助性的细节要素，是处理好公园游憩空间景观设计的关键所在。

第二节
人和空间的关系

扬·盖尔在《交往与空间》一书中，把人们在公共空间中的户外活动分为三种类型：必要性活动、自发性活动和社会性活动。

必要性活动，是人类因生存所必须进行的活动，如上学、上班、购物等活动，是人们不由自主的活动，其本身具有规律性、方向性和目的性，对相关的空间品质关注性较少。

自发性活动，较之必要性活动受环境质量的影响较大，是在满足了基本生存条件的前提下人们有意愿，并在可能的条件下才能发生的活动，比如人们的郊游活动、户外散步等，它与相关的空间品质有很密切的关系。

社会性活动，是指人类的群体性交流活动，它在现代社会生活中是比较突出的，如公园里的聚会、庆祝会等都属于社会性活动的范围。人类的社会性活动需要依赖相应的空间领域，进行人与人间的交往，获取信息、情感等活动。社会性活动对环境的品质要求比较高。

人们最初是由单个人无目的的徘徊、散步，眼睛在向四周巡视，当在一个有利的空间内，会和熟悉的人或因为某种共同的事件而联系在一起的人进行交谈、注目，人们原先的必要性活动和自发性活动就有可能转变为社会性活动。有利的空间条件，使人们的目的性发生改变。室外公共空间的改善间接地促进了社会性活动。

一、人的社会距离和空间

（一）交往距离

爱德华·T. 霍尔在《隐匿的空间》一书中定义了一系列社会距离，根据人们熟悉和亲近的程度在各类活动中保持的距离，也是人们交往过程中的心理习惯距离。

第一，亲密距离：相距在0～0.45m时，称为密切距离，主要体现在父母与儿女、恋人之间的爱抚。耳语、安慰、保护的距离，是具有强烈的情感距离。当不相识的人被聚集在这一空间距离时，会感到不快、不自在，处于忍受状态。

第二，个体距离：相距在0.45～1.3m时，使亲朋好友间的活动距离，具有较强的领域感。

第三，社会距离：相距在1.3～3.75m时，是一般性的工作距离，即可以和对方握手或接触对方的距离。

第四，公共距离：相距在3.75m以上时，适合讲演、集会、讲课等大型室内外活动，或彼此毫不相干的人的距离，是一种单向交流的距离。

霍尔的研究结果为空间组织和空间规划提供了心理学上的依据。但我们还需注意到人的行为活动除了有自身的需求和内因的变化外，还有外因的条件存在。比如人在性格与气质上存在差异，有的活泼主动、有的内向稳重、有的则喜欢独处等。对于人所表现出的不同行为，城市公园空间的组织应起到诱导公众积极参与的作用，发挥主体和客体的互动关系。对于一些特殊人群，如老人、残疾人、儿童等，还需分析出他们各自不同的行为特征，以利于设计的全面性和完整性。

人们之间的各种距离关系，决定了人们的交往程度，最终决定了场地中的空间尺度布局，因而是公园空间尺度设计的基本依据。

（二）视野距离

景观效应的产生关系到观察者和对象之间距离的问题，观察者和观察对象处于怎样的距离才能完整、清晰地实现观察者的意图？扬·盖尔在《交往与空间》中提到社会性视距（0～1000m），他提出在500～1000m的距离内，人们根据背景、光照、移动可以识别人群；在100m可以分辨出具体的个人；在70～100m可以确认一个人的年龄、性别和大概的行为动作；在30m能看清面部特征、年龄和发型；在20～25m大多数人能看清人的表情和心绪。在这种情况下，才会使人产生兴趣，才会有社会交流的实现。

扬·盖尔是从人体尺度为基础探讨社会性交往距离，看到面部表情和细部大约需要20～30m的距离。这和人们能识别具体环境的距离是一致的，只要人和环境相距约20～30m，能够把具体的景观要素从背景环境中脱离出来，看清景观的细部，包括空间的造型、色彩、质感等，人们也就能够识别出独立的小空间。芦原义信在《外部空间设计》一书中提出的"外部空间模数"，也是把25m作为外部空间的基本模数尺度，25m内能看清对面物体的形象。

中国古代对外部空间尺度有"千尺为势，百尺为形"的规定，"远为势，近为形；势言其大者，形言其小者"，势是整体形象，形是具体形象，距千尺的地方可以看到群体建筑的完整形象，距百尺的地方可以看出单体建筑的完整形象。古代的千尺折合成现代的公制大约为230～350m，百尺大约为23～35m，我国古代建筑便是按照这个尺度标准规定营建的。在具体的环境中，距离23～35m的地方，我们可以把小空间从背景中分离出来，并加以识别。这和人们在空间中的实际感觉是一致的。

无论是扬·盖尔的"社会性视距"、芦原义信的"外部空间模数"，还是我国古代的尺度制度，都是把25m左右的视距作为空间设计的尺度基础。距离的接近有利于交流，人们的视距以25m左右为视觉模数，空间也以25m作为转换，人们处于和对象25m的距离，心理会有所变化，通过视觉开始传达信息。可以在人的日常通行路线25m左右的范围内布置小空间，为人们的交往提供广泛的场所。

（三）角度

看清对象，除了需要有足够的视距外，还应有良好的视野，同时保证视线不受干扰，才能完整而清晰地看到"景观"。视野是脑袋和眼睛固定时，人眼能观察到的范围。眼睛在水平方向上能观察到120°的范围，在垂直方向能观察到130°的范围，其中以60°较为清晰，中心点1.5°最为清晰。一般而言，D/H（物体间距与物体高度之比）的比值不同，可以得到不同的视觉感受。

第一，当D/H=1，即垂直视度为45°时，观看者可以看清实体的细部。

第二，当D/H=2，即垂直视度为27°时，观看者可以看清实体的整体。

第三，当D/H=3，即垂直视角为30°时，观看者可以看清实体的整体和背景。

看清目标需要一个角度。人们为了看清行走路线，在行走时视距线向会下偏10°左右，人们在街道上行走仅会注视到街道地面、建筑物底层所发生的事件。在设计时，为了使用者和观察者找到这个空间，除了需要人们记忆产生印象外，还需引导人们视线的角度，使观察对象和观察者的视线在同一水平面上，如利用台阶、坡道、扶手等形成富有方向感的过渡物。同时应保证观察对象在观察者的正前方，因为人们在行走的过程中，只对自己正前方的对象感兴趣。为了吸引游人的目光，可以随着行走路线的变换而引导人们，也可以利用逗留空间的座椅、倚靠物及过渡对象吸引视线方向。我国古代园林的空间处理手法如对景、借景等都是为了吸引视线。

二、空间需求的公共性、私密性和领域性

人们为自身建立一种领域感、安全感和从属感的同时，也进行各种公共性的社会交往。进行各种活动的外部空间，正是由私密性、半私密性向半公共性、公共性转化的场所。这种外部空间的划分适应了人们在交往过程中保持的社会距离，同时也适应与空间尺度布局相一致。

（一）空间需求的公共性

人们对空间公共性的需求主要体现在人际交往方面。人的社会性决定了人们之间要进行信息、思想和感情的沟通，这种交往行为大多是在公共空间内进行的。（图2-2-1）

（二）空间需求的私密性

人是社会中的一员，同时也有着个性，在社会、物质、精神方面表现出强烈的自我意识，以及强烈的个人私密性，这种私密性具有孤独性、亲密性、匿名性、保留性的特点，和公共性的特点具有相对性。私密性是人们对个人空间的基本要求，保证空间的私密性，也是进行城市公园设计的一个重点，保持空间的公共性和私密性的结合，使空间处于最佳的状态、最佳的尺度，满足最佳的活动方式。（图2-2-2）

图2-2-1　Jan Stenbeck城市广场公共空间　　　　图2-2-2　两侧座椅布局实现了公共区的私密性

（三）空间需求的领域性

领域就是人和物体在空间中能够控制的一定范围，领域性表现出人们有主动占有空间和物体、被动占有空间的特性。领域空间的形成，标志着空间所属的转移——空间的私有性加强，公共性减弱。公园中的座椅是为大家所属的公共设施，当一个人坐在上面，就变成了他属，形成了个人的领域，别人无权也无道理让他离开，直至他自己离开座椅又成了公共设施。这里座椅的本质并没有改变，而是随着使用者发生了所属的变化。空间领域性是人的领域性确定的。人们都具有占有领域的行为特征，一个沙坑，一群相互熟悉的孩子在里面尽情玩耍，他们是不会让不熟悉的孩子进入的，因为这时空间是他们的，直至他们离开或大人的干扰，其他的孩子才可能进入。这种占有领域的特征在公园设计时，对空间处理中可采用尺度和造型的变化来进行调节——如座椅的长度和形态，可以调节游人对领域的需求；儿童游戏设施的多样性和场地的大小变化都可以改变其对空间的需求。（图2-2-3、图2-2-4）

图2-2-3　空间的领域性一

图2-2-4　空间的领域性二

三、空间的限定

空间本身是无限的，是无形态的。由于有了限定，才有形态，可以量度其大小。所谓空间限定，就是确定各个要素的形态和布局，并把它在三维空间中进行组合，从而创作出一个整体。对城市公园的游憩空间进行限定，关键在于利用空间的构成要素，将消极空间转为积极的游憩空间。所谓积极的游憩空间是指具有一定使用功能，对人们有用的空间。空间的基本限定主要从垂直和水平两个方向上限定。

（一）垂直方向限定

将一个场地周围用垂直方向的构件围合起来就可以限定出一个空间来。这种限定空间的方法称为垂直方向限定。垂直方向限定有围合、占领和占领扩张三种基本方式。

1. 围合

围合是空间限定最典型的方法，它包括四个特点：第一，具有很强的地域感和私密性；第二，易于限定空间界限形成领域感；第三，为户外活动提供相对独立的场所；第四，有较为强烈的向心性，利于增进游人之间的交往。由此可见，围合空间所具有的特点，适合公园空间中的游憩活动需求，它符合安全性、安定感和社会交往游憩场所的需求，如老年人活动场所、儿童游戏场。这种空间限定方式易于提供亲切宜人的、可靠的公共活动空间，同时也为游憩空间层次的形成创造了条件。

2. 占领

物体设置在空间中，指明空间中的某一场所，从而限定其周围的局部空间，我们将这种空间限定的形式称为"占领"。占领是空间限定最简单的形式，占领仅是视觉心理上的占领，这种限定因为没有明确的边界，不可能划分出具体的空间界限，也不可能提供空间明确的形态和度量，它主要靠实体形态的力、能、势获得空间的占有，对其周围空间产生聚合力。聚合力是"占领"的主要特征，它主要是一种中心限定，例如广场上的一个标志性雕塑能使许多人向其周围集合，就是具有聚合力的原因。

3. 占领扩张

形态对空间是具有扩张力的。空间中的每一个基本形态都直接呈现占有空间的意图，形态对空间的这种占有倾向，可以称为空间扩张性。空间扩张性是指形态向周围扩张的心理空间，是一种形的态势。在场地中设置多个占领实体，实体之间由于形态力的作用，都呈现向周围扩张的态势，形态力促使心理过程产生整体的知觉，从而使并不相连的占领实体形态趋合成为一个整体，这种空间限定的方法称为占领扩张。

（二）水平方向的限定

除了利用垂直构件进行空间限定外，还可以利用水平方向构件对空间进行限定，这在开敞游憩场地设计中经常被采用。在水平方向上需要克服重力的影响，首先应有个支撑点，上面再覆盖一个顶面，这样就可以限定出一个空间。用水平方向构件限定空间的基本方法有覆盖、肌理变化、凹进、凸起和架起五种。

1. 覆盖

在开敞场地上方支个顶盖，使下方空间具有明显的使用价值，这种限定方法称为覆盖。覆盖在开敞场地设计中是一种十分具体而实用的限定方式。譬如在公园公共活动空间中，可以通过在休闲茶座区域上方支撑一片阳光篷，能够使公共空间与茶座空间的功能得以区分，使游人的使用空间范围得到限定，让使用者在空间领域范围通过顶面的暗示得到肯定，制造出一片宁静的场所，也能获得心理上的空间限定。（图2-2-5、图2-2-6）

图2-2-5 "覆盖"空间手法创造的走与停空间一　　图2-2-6 "覆盖"空间手法创造的走与停空间二

2．肌理变化

利用实体的不同肌理变化对空间进行限定的方法称为肌理变化。如迎接贵宾的红地毯，限定出一条行进空间；野餐时在场地上铺一块布，通过区别桌布与场地的肌理，就可以制造出一个独处的场所。底面的肌理变化不仅为了丰富变化，更重要的是利用肌理来限定空间，划定范围，明确领域。

3．抬高

将底面抬高于周围空间的限定方法称为基面抬高。抬高更是一种常见的限定空间的方法，由于抬高空间具有明确的边界，其限定的空间范围明确肯定。基面抬高幅度不同所形成的空间感不同，抬高较小时，空间范围的边缘得到良好的界定，视觉空间的连续性得到良好的维持，身体容易接近；当抬高接近视高时，部分视觉的连续性可以得到维持，但空间的连续性被中断，人们的行为活动需借助踏步或台阶；当基面抬高高于身高时，视觉和空间的延续性均被中断，并和地平面相隔绝，空间的围合感极强。

4．下沉

下沉与抬高形式相反，性质和作用相似，但是被限定的空间情态却不同。抬高空间明朗活跃，下沉的空间含蓄安定，它们与舞台和舞池相似，舞池下沉，鼓励参与，抬高舞台，有地位、贵贱的差异，也有引起注意的含义。基面的下沉同样也可以围合一个空间范围，这个范围的界限是以下沉的垂直界面来限定的，并根据高差的变化形成不同感觉的空间围合。当基面有微小的下沉，所围合的空间与周围空间有较强的联系；随着增加下沉的深度，围合空间与周围空间之间的视觉关系在削弱，其本身的空间明确性在加强；当下沉的基面高于视平面时，所围合的空间具有很强的封闭性。

因此，抬高和下沉在开敞空间中是一种运用得非常广泛的空间限定方法。（图2-2-7~图2-2-9）

图2-2-7　抬高与下沉空间

图2-2-8　莫斯科诺瓦亚广场下沉空间设计鸟瞰图

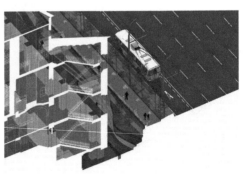

图2-2-9　莫斯科诺瓦亚广场下沉空间设计剖面图

第三节

城市公园空间层次设计原则

城市公园景观是由各种景观构成要素组成的，景观要素的差异影响了公园的功能，同时各种景观构成要素组合方式的不同也使空间内部呈现不同的形态。各种要素的组合应根据人们自发形成的空间和参考人为的调节综合布置，人们生理、心理要求不同，交往方式、活动人数的不同，熟知程度也不同，这就要求城市公园内的空间应该有个合理的划分。如恋人的空间应该放在公园内相对较安静处，而小孩子的活动空间则应放在公园中间等开阔场地，根据不同年龄对象的活动需求把场地分成多个功能分区。

一、空间层次处理

（一）空间高宽比例

空间高度和宽度比值的不同，对空间形态和人们的心理都有很大的影响。芦原义信在《外部空间设计》一书中提出了空间的宽度D和两侧建筑高度H的比值的不同，其空间中的构成要素也会有所变化，大则注意整体，小则注意细部。空间层次的比例涉及空间的心理感受，过大的D/H（物体间距与物体高度之比）会使人感觉不稳定，甚至失去空间在平面上构筑的围合性；而过小的D/H会使人压抑。因此，空间层次处理必须对它的平面和立体关系同时进行分析。D/H与人的心理感受之间有如下关系（图2-3-1）：

第一，当D/H<1时，随着比值的减小，形成迫近之感，两侧建筑对空间影响加强，空间的封闭感加强。

第二，在D/H=1，空间呈现平衡、均质状态，使人产生一种安定又不压抑的空间感。

第三，当D/H约为2时，仍然有一种内聚向心的空间，而不至于产生排斥、离散的感受。

第四，当D/H约为3时，就会产生两个实体排斥、空间离散的感受。

第五，如D/H的比值再继续增大，空旷、迷失或荒漠的感受相应增加，从而失去空间围合的封闭感。

图2-3-1 空间的高宽比与人的关系示意图

（二）空间节点

空间的特性除了与开口数量、位置和尺寸大小等因素有关联外，还与空间衔接点处理方式有关。各层次空间衔接点（或称空间节点）是否经过处理，在很大程度上影响着不同空间层次是否被人感知，以及空间所能起到的实际作用。界定两个空间层次的空间节点必须经过处理，无论是采用何种方式，如过渡、转折或对比，目的在于暗示某种空间的性质和空间的界限，使人有"进与出"的感觉变化，从而保证各空间层次的相对完整性和独立性，满足各种活动对空间的领域感、归属感和安全感的要求，使人们在其中自然、舒适和安心地活动。（图2-3-2～图2-3-17）

图2-3-2　空间变化之打破边界手绘　图2-3-3　空间变化之打破边界
表现

图2-3-4　空间变化之相互渗透手绘　图2-3-5　空间变化之相互渗透
表现

图2-3-6　空间变化之柔化边界手绘　图2-3-7　空间变化之柔化边界
表现

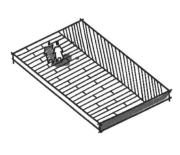

图2-3-8　空间变化之材质分界手绘　图2-3-9　空间变化之材质分界
表现

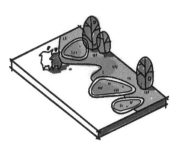

图2-3-10　空间变化之有机曲线手绘　图2-3-11　空间变化之有机曲线
表现

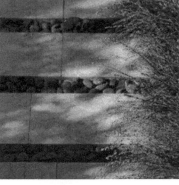

图2-3-12　空间变化之植物软化手绘　图2-3-13　空间变化之植物软化
表现

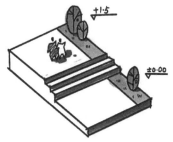

图2-3-14　空间变化之改变标高手绘　图2-3-15　空间变化之改变标高
表现

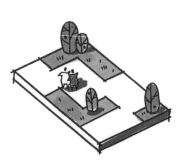

图2-3-16　空间变化之转折处理手绘　图2-3-17　空间变化之转折处理
表现

1. 打破边界

对于过长的区域，打破其平淡边界最简单的方式是，将其划分为几个线段，产生内凹空间，可以作为休憩空间或放置创意元素。

2. 相互渗透

用梳状修长的形式处理硬质与软质的边缘，一方面可以起到两种元素的柔和过渡；另一方面通过改变材料和间隙宽度变化而产生多种可能性。

3. 柔化边界

将原来一条明显的边界变为多条具有重影的模糊边界，即产生一组接近重叠的线，从而达到柔化边界的效果。

4. 材质分界

用相同材质或相近质感的材料以不同的方式排列拼砌，可以达到既有差异又保持统一感的细部效果，也可以通过不同尺寸和比例进行重新组合而产生多种可能性，从而营造出自然、柔和、轻松的氛围感受。

5. 有机曲线

不同于直线的现代感与稳定感，曲线更具有柔和优美、跳跃的感觉，采用曲线作为边界会让人联想到自然形态，例如河流地形等，为景观空间增添了灵动感，赋予了空间多变性。

6. 植物软化

采用低矮的、自然的灌木及地被植物等作为景观边界，营造出轻松舒适的空间氛围，切实增加亲绿空间，为观者提供接触自然和感受自然的机会。

7. 改变标高

通过调整场地地形的高差关系，形成空间的过渡，使人有"进与出"的变化感受。

8. 转折处理

营造道路与绿化的转折关系，提升景观的层次，提供多样化的游览路径，整体营造出丰富的空间感受。

二、空间的变化

空间的变化可以从空间的形状、大小、尺度、围合程度、限定要素以及改变构筑物的高度和类型来实现，从而产生不同的空间效果。各种不同性质的空间可以通过大小对比、围合要素的改变加以区别，相邻两个空间也可以用渐变或突变等方式来连接。（图2-3-18、图2-3-19）

由折线或曲线形成团状空间

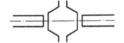
连续直线状空间被多边形打断

连续团状空间形成线性空间

线性空间与团状空间的有机结合

图2-3-18 空间的变化

图2-3-19 线性空间与团状空间结合

（一）形状的相互转化

团状和线性是空间的两种基本形状。如果运用一些技巧，对这两种基本形状进行重新排列组合，实现两者形状之间的转换，就有可能产生另一种空间形式，也就是说通过改变基本形状的方法使空间形状产生变化。

通过团状和线性组合排列变化，可以在线性空间的局部凸显团状空间的特征。有时为了人们驻足停留的需要，或者为了丰富景观效果，往往在线性空间的局部会提供一个相对开敞的局部空间，供人们驻足观望周围环境，例如在交通节点、景观节点、轴线的起点、中点和端点处，这些节点通常是形成团状空间特征的地方。下述的四种方法对形状的变化具有启发意义。

第一，通过折线或曲线形成团状空间；

第二，连续直线性空间的休止或打断；

第三，通过连续团状空间形成线性空间特征；

第四，线性空间与团状空间的有机结合。

（二）"L"形空间的变化

正如前面所说，"L"形空间具有边界既明确又模糊的特征。如果利用这种特征与其他构成元素结合，就可能限定出新的空间形态。（图2-3-20、图2-3-21）

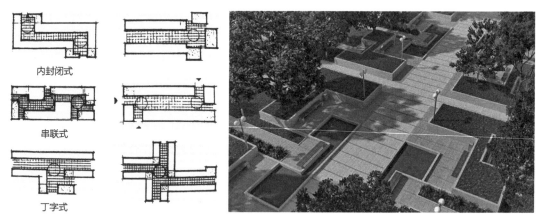

图2-3-20 "L"形空间组合示意图   图2-3-21 "L"形空间设计

（三）"U"形空间变化

"U"形空间是由三面界定，另一面未被界定形成的空间形态。"U"形可以是矩形也可以是圆弧形，"U"形围合空间一般是静态空间，具有内向性特征，现代城市广场多采取这种形态。但可以通过在转角处开口的办法，使静态的空间具有动态的感觉。（图2-3-22）

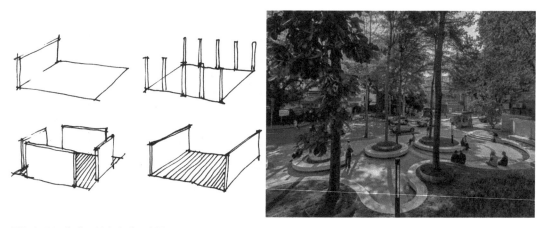

图2-3-22 "U"形空间组合示意图

三、空间边界的划分

边界是人们进入空间的界限，明显边界的出现，有助于让人们从心理上感到进入另外一个空间，增强对空间的领域感。空间的领域范围一般是人们根据使用功能、使用要求、使用条件、环境要求自发形成的，当不能满足活动要求时，人们会自发地越过这个边界。我们可以人为地综合各类因素制定这个边界，一方面改善边界内的环境设置条件，使空间更具有吸引力；另一方面加强边界感，使人们能看到明显的界限。

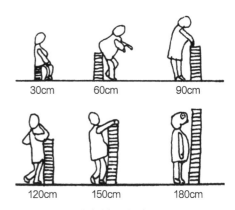

图2-3-23 墙体高度与人的关系

边界往往起到分隔的作用，它的存在使两侧空间有明显的差异。芦原义信在《外部空间设计》一书中提到边界的不同高度起到不同的作用（图2-3-23）：30cm高时，人们可以较平稳地坐在上面，勉强区别领域，几乎没有封闭性；60cm高时，则较为随意地坐在上面，没有达到封闭的程度；90cm高时，可以扶在上面；120cm高时，可以靠在上面，身体大部分已经看不见了，产生了一种安全感，划分隔断的空间感加强；150cm高时，除头部之外的身体大部分都看不见了，产生了封闭感；而超过180cm时，则完全阻隔了人们的视线，产生了完全的封闭性。

公园中空间边界的处理手段多种多样，可以利用绿篱、栏杆、矮墙、高差、台阶、坡道、建筑物的外墙等进行边界的划分。（图2-3-24、图2-3-25）

（一）绿篱

绿篱常常用来区分两种完全不同质地的环境，比如区分硬地和草地，绿篱完全起到环境的过渡界限作用。绿篱和树丛一方面有着绿化的作用，另一方面又能分隔空间，营造空间氛围，形成较为私密的领域。座椅的布置也都是以绿篱为依托，特别是以较高的绿篱或树丛为依托，形成安全、私密的空间。由

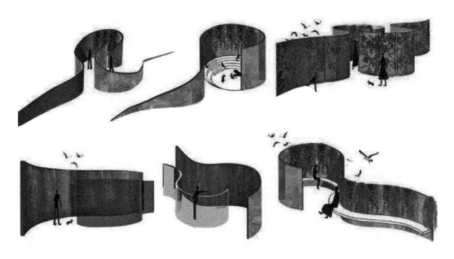

图2-3-24 利用空间边界处理的空间形态一

图2-3-25 利用空间边界处理的空间形态二

于绿篱相对较宽，而且高度随树种的不同可以人为地加以控制，人们一般不会跨越。绿篱作为环境绿化的一部分，在公园的步行道旁、装饰草坪边缘常采用这种形式的绿化。

（二）栏杆

栏杆是较简单的划分空间的一种方式，因为其比较通透，不能遮挡人们的视线，人们常忽视它的存在，随意跨越这个边界，并视它为行走的障碍。当无其他休息设施存在时，人们也依托栏杆休息，成为空间的辅助设施。

（三）高差

利用高差的变化作为空间的边界，可以加强环境的空间边界感，使人们清楚地区分内外两个空间。当高差不大时，人们可以坐在这里，内外空间都会形成较好的视野；当高差较大时，低处可以形成较封闭的空间，有利于较私密、安静的活动的展开，而高处可以俯视全局，保证良好的视野，形成开阔的小环境。利用边界高差的变化，可以很好地界定一个小环境，带来两种完全不同的空间感受。

（四）台阶和坡道

台阶和坡道在环境中具有明显的引导作用，可以引导人们从一个空间到达另外一个空间，起到过渡空间的效果。人们根据坡道或台阶带来的高差变化，会明显地感觉到空间的转换。在划分空间时往往利用台阶或坡道，使空间有所变化，形成内外有差异的空间。台阶在公园景观设计中还有休息设施的作用，而坡道对残疾人有所帮助。

（五）矮墙

矮墙会使空间具有较强的封闭感，对界限的划分也最为明显。矮墙在场地中包括单独的一段矮墙、建筑物的外墙，它们都起到较强的边界作用，特别是单独的一段墙体，可高可低，可直可曲，灵活自由。随着墙的高度不同、墙的布置方式不同，空间感也不同。这样的空间界限明显，当有必要完全分离两个空间时常采用这种手法，可以把公园中的某个空间从其他环境中区分出来。

第四节
城市公园空间的
组织与形式

一、空间的组织

在设计领域中，对于空间的组织通常是利用各种限定的方式来构建。限定是把某种元素设置于原空间中，并环绕该元素产生一个新的空间，成为吸引人视线的焦点，给人以方位感和标志感。空间的组织是城市公园空间设计的中心问题，由于公园设计所涉及的空间一般规模较大，常常需要对空间进行再划分，将不同的空间组织在一起赋予一定意义的各种空间层次。空间组织主要有以下几种形式：集中式空间结构、线式空间结构、组团式空间结构、网格式空间结构。下面的案例是在教学中，训练学生对同一公园地块，采用不同的空间组织方式进行设计。

（一）集中式空间结构

集中式是将空间组织成一个向心的稳定空间结构，由次要空间围绕一个占主导地位的中心空间构成。中心空间在尺度与体量上要足够大，使得其他次要空间能够集中在它的周围。次要空间在功能、尺寸上可以完全相同也可以不同，从而形成规则的、两轴或多轴对称的整体造型，以适应各自不同的功能需要和周围环境的要求。（图2-4-1）

（二）线式空间结构

线式组织通常是由尺寸、功能完全相同或不同的空间重复构建而构成。在这种组织形式中，功能性或者在象征方面具有重要意义的空间可以出现在序列的任何位置，以尺寸、形式来表明其重要性。线式空间组织的特征是"长"，它表达了一种方向性，具有运动、延伸和增长的倾向。为了使延伸感得到控制，一般以一个主导空间终止，或者一个特别设计的入口，又或者与场地、地形融为一体。

图2-4-1　公园设计方案——集中式空间结构

线式空间组织在形式上具有可变性，极容易与场地环境相适应，它既可以是直线又可以是折线或弧线。（图2-4-2）

（三）组团式空间结构

组团式空间通常是由重复的格式空间组成，并在形状、朝向等方面有共同特征。当然，其组团空间也可以是由形状、功能、尺寸不同的空间组合而成。这些空间可以形成组团式布置在一个划定的范围内，或一个空间体积的周围，此类组合没有集中式的紧凑性和几何规则性。（图2-4-3）

（四）网格式空间结构

网格式空间是通过一个网格图案或范围而得到具有规律性的空间组合。一般是两组平行线相交，在其交点建立一个规则的点的图案。网格式空间组织来自于图形的规则性和连续性，即使网格组织的空间在尺寸、形状或功能各不相同的情况下，仍能合为一体，并且有一个共同的空间关系。在网格范围中，空间既能以单体形式出现，也能以重复的模数单元出现，且无论这些形式的空间在该范围内如何布置。

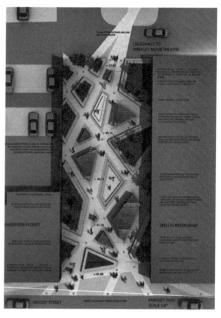

图2-4-2 公园设计方案——线式空间结构

二、空间的形式

现代城市公园设计的形式表现可谓多种多样。但归纳起来，可以概括为两大模式：一是规则式的几何式构图，它遵循几何关系的内在规律，表现出高度的统一空间效果；二是采用自然式的无规则构图形式，追求浪漫与意境，表现出自由的空间序列。

图2-4-3 公园设计方案——组团式空间结构

（一）几何式构图

几何式构图是利用几何要素有规律的重复排列并控制其比例关系，从而将单一的几何元素演变成有趣的、符合人视觉感官的艺术形式。

1. 直线式几何构图

直线式几何构图就是利用直线段的组合关系，构成不同的表现形式，具体可划分为矩形模式和角形模式。（图2-4-4）

1）矩形模式

矩形是最简单的几何形体，也是在设计中广泛使用的图形。在公园设计中，矩形模式是常用的组织形式。由于矩形自身所特有的中轴式对称的几何特性，常常被用于一些正统的空间设计中，以显示其庄重的氛围，这也是其他几何图形所不具备的。在规划好的概念性方案基础上，利用网格线就可以很容易地组织出具有矩形模式的构图。

2）角形模式

角形模式是利用直线与角度间的关系构成特定的表现形式，一般以45°/90°、30°/60°进行设计。角形模式的构图具有强烈多变的动态趋势，给空间带来富有活力的动感。以45°/90°角模式构成的表现模式，是将两个网格线以45°相交，并依照相应的网格线绘制出45°/90°模式的构图；30°/60°的构成模式原理同上，只是网格形式比较复杂、零乱。

2. 曲线式几何构图

曲线式几何构图是以曲线为基本单位所构成的图形，形式上可分为圆形模式、弧线与切线模式、弧线模式。（图2-4-5）

1）圆形模式

圆形的特征在于本身的简洁性，同时又具有极强的统一感和整体感，极富聚合力。在以圆形为基础的构图中，圆形应以不同的尺度关系组合、相交或叠加。

2）弧线与切线模式

弧线与切线的组合，既有直线构图的平稳，又有曲线的活泼。

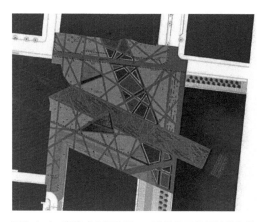

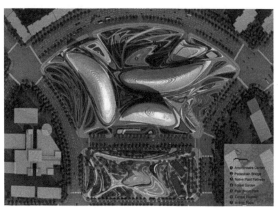

图2-4-4　直线式几何构图——玛莎施瓦茨设计的都柏林运河公园

图2-4-5　曲线式几何构图——望京SOHO城市景观

3）弧线模式

弧线模式主要利用1/4圆弧为基本单元，加以组织、变化，形成不同的构图模式。

（二）自由式构图（图2-4-6）

自由式构图源于人们对自然环境中一些形式元素的组织。蜿蜒平滑的曲线是自由式构图的常用手段，自由式构图要比几何式构图更富有亲切感，更易于被人接受。在空间的表达中，蜿蜒曲折的形态所形成的变化时隐时现，更赋予了空间一定的神秘感。

图2-4-6　自由式构图——成都超线公园景观

第五节
城市公园空间美学设计

一、围合

围合是指采用相应的关系把一系列环境设施围绕某一相对固定的点，形成具有向心性的空间（图2-5-1），围合的手法要求：

（1）环境中有构图中心，它既是几何中心又是视觉中心，在中心位置可以布置雕塑、喷泉等，也可以成为虚中心，是人们的心理中心；

（2）周围环境设施沿同心圆布置；

（3）所有的环境设施在中心附近形成一定的场地；

（4）休息设施如椅凳、平台等分布在边缘面向中心布置；

（5）在外部用树丛、绿篱、矮墙围合限定，使空间有较强的聚合感，围合感强烈的空间由于人们会面对面而坐，适应交往要求特别强的小空间。

二、放射

放射是指以某一点为中心向四周呈放射状布置的空间（图2-5-2），一般来说分为以下几种：

（1）空间有几何中心，但不会成为视觉中心，是人在空间中的心理依托点，可以依靠花坛、水池、大树等；

（2）休息设施一般都背向中心布置；

（3）在场地的四周会形成很开阔的广场；

（4）周围环境比较开阔，很利于人们观望。这一类的空间领域感很强，人们在环境中的独立性也较强烈，一般适合于不进行过多交往的场地。

图2-5-1　RISE CITY榕耀之城TOD社区公园的围合空间

图2-5-2　巴塞罗那加泰罗尼亚广场的放射式铺地与雕塑的空间关系

三、线形

线形是指顺着某一固定的方向布置环境设施而形成的空间，如沿着绿荫散步道、滨河线性景观等，线形空间设计手法一般要求：

（1）必须有线形的道路、水面、建筑、广场等为依托，布置成线形的景观空间；

（2）人们都面向较开阔的地方，如滨河公园的休息设施都面向开阔的水面，形成良好的视野（图2-5-3）。

四、边界

边界指和其他环境相区分，它有限定空间的作用，同时也是场地中的心理边界。踏入边界内，就从心理上感到进入另一个空间，边界设计直接影响到人们对空间的利用，并形成多个独立的领域。关于更多边界处理的手法，在上一章中已经提及，此处便不再赘述。

图2-5-3　瑞典斯德哥尔摩亨里克斯达尔斯哈姆嫩滨水景观的线形空间

五、栏阻

栏阻是指在场地中对行人、车辆的运行加以有目的的、积极的规劝方式。如在街道上设置的人行斑马线、交通护栏、交通标志等，让人们能够借此有秩序地活动。在满足人们户外基本活动要求的城市公园中，也有必要设置阻挡设施，指导人们的行为。如为了防止人们穿越草地，一般采用低矮通透的栏杆，并设明令禁止跨越的标志。在公园中阻挡设施一般根据材料、高度和宽度不同的栏杆划分空间。（图2-5-4）

六、诱导

诱导是指通过形象和空间符号来吸引人们按指定的路线和方向前行，一般是通过道路、河流、标志物、空间处理等吸引人们。可以利用道路组织空间，进入公园的人们则需利用道路的方向性特点找到适合自己的空间；有时也可通过必要的空间组织，如系列、对称、色彩、高度、位置以及造型上的突出处理来达到目的；另外，还可通过对景、框景、借景来诱导人们的目光。（图2-5-5、图2-5-6）

图2-5-4　栏杆起到分划空间的作用

图2-5-5　上海Paint Drop互动装置色彩与造型要素
实现诱导目的

图2-5-6　造型上的突出处理实现诱导目的

七、分画

　　通过空间界面的分画处理，强调不同的功能和区域（图2-5-7、图2-5-8）。在公园中往往需要把场地分画为不同的空间，但这种分画只是采用一定的设计手法将空间进行分画，并不限制人们的行为，只是一种功能上的界限。常用的分画手段一般包括：

图2-5-7　采用限定物、高差和材质的变化分画空间

图2-5-8　采用色彩和材质的变化
分画空间

（1）色彩划定界限，不同的功能区域施以不同的色彩；

（2）利用高差，包括地面上和屋顶上的高差；

（3）利用明显质感的材质进行分划；

（4）利用空间的限定物作分画，如树篱、桌椅、灯柱、栏杆等。

八、掩蔽

讲究藏与露的结合一直是中国古典园林的传统空间处理手法。在公园中通过一部分设施进行适当遮挡，创造出私密而安静的空间（图2-5-9），其主要目的包括：

（1）可以形成安静的空间，通过设置墙体、绿篱阻隔外部人流、车流以及噪声对公园环境的干扰，可以设置下沉广场，形成较为固定、隐蔽的空间；

（2）改善公园的小气候，通过建筑和绿化处理，可以阻隔寒风，还可以在夏日里蔽日遮阳，提高公园的舒适度；

（3）创造一种虚实结合的空间，通过适当的掩蔽，可以吸引人们对公园空间的向往，达到欲露先藏的目的，创造曲径通幽的境界；

（4）在公园空间中一般是通过墙体、绿篱、树丛、围廊等手段实现掩蔽。

图2-5-9　通过树冠适当遮挡创造出虚实结合的空间

Vegetable planting ●

番茄
Tomato

小白菜
Chinese cabbage

萝卜
Radish

南瓜
Pumpkin

辣椒

Research activities ●

学习庄
采摘园

田野小屋

南瓜诱食

包菜

藤菜

白萝卜

收获
Have

种植
planting

03

第三章

城市公园的视觉要素设计

第一节
城市公园视觉形态构成要素

空间是客观存在的，是需要人的视觉对空间的存在进行感知、认知的，承认空间的存在，并且判断空间的可适性，同时能够对空间的性质、空间形态、空间布局以及空间构成要素、材料、尺度、色彩、质感有一个清晰的认识，因此在城市公园设计中，应充分考虑环境的视觉认知性。在城市公园设计一方面是按照功能要求进行布局的，另一方面则依据视觉需求布置。人们往往把空间简单地分成点、线、面等不同的空间形态，以加强空间的认知性，这也是观察事物的基本规律。在观察空间时，人们首先会从整个空间开始，即从"面"开始，再通过一定的视线引导，即"线"，最后目光停留在目标上，即"点"。因此，对于现代景观设计而言，点、线、面等形态既是构成空间的环境要素，又是构成空间的形态要素。

一、点

点是视觉能够感觉到的基本单位。任何事物的构成都是由点开始的，它作为空间形态的基础和中心，本身没有大小、方向、形状、色彩之分。点在和空间环境的组合中也会显露它的个性，点在景观中，很容易成为视觉中心、几何中心和场力中心，同时通过点和环境的组合可以改变场地的状态，点通常是以"点景"的形式存在。最常见的如雕塑以及具有艺术感的构筑物和形象独特的孤植等。如在公园入口广场上布置点状花坛，改变入口平淡的气氛。置于不同空间面积下的景观要素，会因所处的空间与其所形成的比例关系，使要素本身的空间形态性质发生改变。当空间面积与要素所形成的比例关系足够大时，要素会呈现点的形态，反之，要素呈现体的形态。因此，点本身在环境中是无多大意义的，只有和外界环境结合时，才会发挥它在空间的作用。

点在空间的表现具有实点和虚点之分。在空间领域中有着具体的位置关系，影响和改变着空间的形态与氛围。

（一）实点

实点是景观中以点状形态分布的实体构成要素，是相对空间而言的点，实点本身有形状、大小、色彩、质感等特征。实点在空间中可以起到活跃气氛的作用，在呆板的大型空间中可以去改变和丰富空间、活跃气氛，如墙面开一个小洞，整个墙面的气氛会活跃起来，富有情趣。在人们的视觉中心布置点状实体也会很好地吸引人们的注意力。实点在空间中具有点缀作用，可改变空间线、面的形态，如在公园的林间小路间设置一些节点，会改变小路的空间形态，减弱路的方向感。

由于点对活跃空间有很大的作用，对于点状实体的设计、布置都有所要求。在空间中作为点的实体应和其他环境要素有明显的差别，无论是大小、形状、色彩、质感，都要有强烈的对比，才能成为空间的点。为了突出它的特征，往往放在面上、线上，与环境对比强烈。一般呈点的实体，相对比较小，几何形状、色彩、形象都比较突出，位置处于视觉中心或人们经常停留注目的地方，如雕塑、喷泉、座椅、花坛等。在城市公园的设计中可以把实点和虚点结合，构成一个统一的整体。（图3-1-1、图3-1-2）

图3-1-1 圣彼得广场方尖碑形成的实点

图3-1-2 朗香教堂墙面上的窗户形成的实点

（二）虚点

虚点是指通过视觉感知过程在空间内形成的视觉注目点。它可以控制人们的视线，吸引人们对空间的认识，也是空间中必然存在的点，一般包括视觉中心点、焦点、透视灭点。这些点是客观存在的，需要通过视觉去认识。这些点既有生理上的，又有潜意识上的，它可以控制人的视觉反应，引导人们对空间的认识，影响着公园景观的空间布局。（图3-1-3）

在公园的设计中，应从多角度考虑人的视觉效果，因为同一空间领域中可以存在很多注目点，任何区域景观及环境设施都能够成为视点。产生视觉的注意力，如果只是一味地按部就班对空间进行布局，就可能造成要么视觉焦点过多，导致视觉混乱、布局失衡；要么分布均匀，导致视觉平淡、缺乏重点。

图3-1-3 虚点与实点的对比

因此，在设计中需要对这些视点进行分化，通过对形状、色彩、肌理、大小等方面的协调，突出中心点的位置和作用，使公园景观的主次更加明确。

透视灭点是指空间物体在人的视觉中所形成并感知到的视线消失点，它客观存在于人的感觉之中。因而，在公园空间层次的组织上，可以利用空间透视灭点的变换，加强空间形态的视觉效果。可以运用以下两种方式对透视灭点进行改变：

一是改变视点观察的角度与高度，形成透视灭点的变化。如通过地形高低的变化，形成俯视或仰视的视觉效果，或通过改变游览路线，产生不同的多个视线消失点等方法，使视点在不同的空间序列上形成"更上一层楼""曲径通幽"等景观效果。

二是通过空间布局变换改变透视灭点。一种是弱化透视灭点设计手法，通过把主要观察方向的物体轮廓线或边缘线曲线形、波浪形，使空间的透视感不强；另一种是强化透视灭点的设计手法，在空间中采用有序性的布局，空间比较方整，透视感强烈，同时也可以利用地坪或墙面的限定，形成强烈的透视效果。

一般来说，空间的透视灭点是以一种平面或立面为参照基准。当透视灭点在人的视觉水平面之内，给人以平和、稳定的感受；如果透视灭点在人的视觉水平面之上，将会产生敬畏、崇高之情；反之，将给人以开阔、联想的感受。因此，在进行公园设计时，应依据空间层次和使用者的心理需求，合理地变换空间透视灭点。

二、线

线也是形式构成的要素之一，点的延续或移动形成线，同时它也是面的边缘轮廓及面与面的交界。线有长短和方向之分，长的线保持一种连续性，如连绵不断的河流、城市道路、公路；短的线路可以分隔空间，有不确定性。方向感是线的主要特征，在设计中常利用这种性质组织空间，如中轴线把空间严格地组织成一个整体。（图3-1-4、图3-1-5）

在空间中不存在纯粹的线元素，但是抽象化的线元素是存在的，而且其形式丰富多样，具有一个庞大的系统，形成不同的风格特征，给人以不同的感觉，如粗线给人以粗犷、稳重、有力的感觉；细线则是纤弱、敏锐的，它与粗线一起，可以使空间具有变化和主次感，以直线为主体的设计则表现出相当的

图3-1-4 巴塞罗那北站公园中曲线与直线的对话

规范性；曲线具有优雅柔软的气质，圆弧等几何曲线则给人以充实饱满的感觉，而螺旋曲线具有渐变的韵律，非常富于动感，因此以曲线为主的设计则体现出很强的流动性。

虚质的线在空间环境中的形式表现为轴线。轴线是指在布局中控制空间结构的关系线，在景观中对空间布局起到重要作用。在现实的空间规划中，轴线因空间形态的分布而具有不同性格，如折线、曲线、螺旋线、波浪线等形式。轴线是控制空间构架及行为活动的感应线，具有起点、终点、长度、方向和控制节点。轴线的两端形成主要控制点，其间可由若干节点维系，形成有序的空间序列。轴线是建立空间构架的一套有机系统，在形成控制整体结构的主体轴线外，还可建立不同等级和层次的次要轴线，与主体轴线相呼应。

图3-1-5 实线与虚线的对比

三、面

面是由线在二次元空间移动或扩展的轨迹，同时也是点的集合。面只有与形结合才能成为具有存在意义的面，面同样存在平面与曲面两种形式。平面在空间中具有延展、平和的特征，而曲面则表现出流动、圆滑、不安、自由、热情等特征。在城市设计中，我们所见到的物体多是由面构成的，其中以平面居多，但随着科技的发展，在空间环境中也越来越多地应用到曲面，如一些屋顶、墙面、台阶等（图3-1-6），斯特林设计的德国斯图加特美术馆的建筑立面就应用了曲面，曲面以柔和的形态融入到环境中。

图3-1-6 银河SOHO

面在空间的表现也具有虚和实的关系。空间中既有墙面、地面、顶棚等实质的面，也有控制空间领域的虚质的面，实质的面可以围合成实在的空间，而虚质的面也可以形成存在的空间，即有场所感的空间。在设计中，常结合实面和虚面共同组织空间。

虚面是指人在空间中心理感受到的空间界面，没有较强的围合感。如空间边缘的高差、一株大树等，空间没有被实体围合，但人在空间中能感受到这个空间的存在。在场地中常用台阶分划两个空间，低处的空间有聚合感，高处的空间有疏离感。

面具有走向和形状的基本特征。面的处理手法的不同，对于人们在空间中的心理感受是不同的。比如，高大乔木所形成的围合界面要强于低矮灌木所形成的围合界面感；另外，树木、灯柱的间距和围墙、围栏的通透程度等也是影响界面强度的因素，当密度加大时，所形成的界面感就强，反之就弱。界面不仅具有垂直方向的控制性，而且在空间水平方向也具有延展控制性。

四、体

体是面在三次元空间移动的轨迹，它具有一定的空间形态，同样划分为实质的体与虚质的体。

（一）实质的体

实质的体占有一定的空间，并因角度的不同而表现出不同的形态（球体是个例外），给人以不同的感受。同线和面一样，实质的体划分为几何体与自然体两大类。几何体是具有可表述性的立体，其最基本的形态是立方体与球体。几何体的自身性格是由所组成的面的性格所决定的，并赋予几何体自身不同的表情。比如，在强调垂直方向控制的体，往往体现出高洁、庄重、严肃以及上升和下落之意。自然体具有不可表述性，泛指不确定的体块与不规则面构成的体块。

（二）虚质的体

虚质的体就是在物体的限定下，人所感觉到的"虚无"部分，可其称之为"虚空间"。"虚空间"的产生是由建筑和各种环境设施限定的，是经过多重界面的围合、分化和组织的虚质空间，与实质的"体"一样具有自身的性格，但其主要的特征表现在空间的关联性与方向性上，通过空间的走向和汇聚，造成明朗、清晰的景观意向。

第二节
视觉设计的组织

图3-2-1　关键位置布局视觉中心

一、视觉力与视觉平衡

在城市公园设计中，对于视觉主体的构建可通过结构元素的大小、形状、色彩或质地等来实现。通过对构成要素这些特性的协调，确定各个要素在空间中的视觉分量，形成视觉中心的主要地位与周围环境的次要地位，从而实现空间布局上的视觉平衡。在视觉平衡的设计上应注意以下几个问题。

（一）视觉中心的布局

视觉要素可以通过在空间中关键的位置或方向性上的加强，获得其局部视觉中心的重要地位。对于在设计中需要表现的要素来说，一般均要占据一个重要的位置，这些位置包括主要轴线上的空间节点，局部空间的中心位置和垂直主立面等，使其成为视觉中心，实现视觉平衡。对于不规则的空间，需要强调的要素可选择相对的均衡点，或者偏置或孤立于其他要素的位置，也可置于线性序列的透视灭点，同样达到使其成为视觉中心，实现视觉平衡设计目的。（图3-2-1）

（二）视觉要素的造型

视觉要素的造型对空间的整体效果影响很大，造型本身的大小往往也对视觉的平衡产生重要影响。在要素的造型中，动态的设计手法比静态的造型更能引起人们的关注。如果结合具体的功能要求和空间效果对重点要素注入动态因素，不但有利于突出重点，而且能满足人们对空间不同的精神要求和审美趣味。

因此，以独特的、具有强烈对比的造型与尺度，将视觉中心点与空间中正常的几何性或其他要素形成鲜明对比，以加强其视觉上的冲击力。在设计中，需要处理好局部与整体的关系，否则不但不能强调重点，反而会使它与整体环境格格不入。

（三）视觉要素的质感与色彩

所谓质感，是指要素在表面的质地特性或肌理上的感觉。在重点要素的质感处理上应与其他诸要素有所差别。同样的材质，由于其表面肌理形式的不同，也会与周围环境产生差异，从而形成视觉冲击力。通过对要素的色彩处理可以协调、渲染空间的整体效果和气氛。对于公园空间中重点要素的色彩处理，不仅可以与整体基调调和，也可以通过对比使之与周围环境要素的色彩基调产生反差，使重点要素更加突出，公园空间的气氛也就营造得更加充分。（图3-2-2）

二、节奏与韵律

节奏就是有规律地重复，使人产生匀速均等性的动感。节奏可使各要素之间具有单纯的明确关系，其构成形式表现为井然有序。

图3-2-2 视觉要素的色彩与造型

韵律是节奏形式的深化，是情调在节奏中的运用。如果说节奏是单纯的、富于理性的话，那么韵律则是丰富的、充满感性的。

由于节奏与韵律自身有着极强的条理性、重复性和连续性，因而在公园的设计中，基于空间与时间上对构成要素的重复使用，一方面可以获得视觉上的整体感，另一方面引领游人的视觉和心理感觉在同一构图中，或环绕同一空间，形成连续而有节奏的反应。公园设计借助韵律的表现手段，既可以获得一定的秩序感，又可以获得多种变化形式而不失其统一性。（图3-2-3）

图3-2-3 彼得·沃克运用几何母体进行重复与渐变

在自然界中有许多事物和现象，因有规律的重复出现或有序的变化使人产生美感。人类在艺术创造活动中，有意识地加以运用和模仿，形成了具有以条理性、重复性和连续性为特征的韵律美。韵律的表现有如下三个方面：

（一）重复

对同一种元素进行反复使用，并创造出显而易见的秩序感。由于每个可知元素的重复，都会加深形式与内容的丰富性，而在情绪上的理解又促成重复感染力的增强。

（二）交替

两种或两种以上元素相互交织、穿插形成一种韵律感，而此种韵律感比简单的重复更加富有变化。

（三）渐变

连续重复的元素按照一定的比例关系逐渐变化，形成一定的韵律效果，具有某种特定的运动感，如由长到短、由宽变窄等，形成一种逐渐变化的韵律感。

三、比例与尺度（图3-2-4）

（一）比例

比例是指事物本身在度量上的一种制约关系。比如一个事物个体中局部与局部，或局部与整体间的度量关系，或某一个事物个体与另一个个体之间的度量关系。一切形式元素均存在着比例与尺度的问题，和谐的比例尺度可以给人以美感及享受，反之，则会破坏形式元素的和谐美感。形式元素具有何种比例尺度为理想状态？通常是根据人体的尺度为依据确定的。比如，某一形式要素的高矮，往往以人体的高度作为参照。

然而，要取得良好的比例关系，并不是件容易的事。比例的源泉是形状、结构、用途与和谐。从这一复杂的基本要求出发，要完成好的比例，就要对各种可能性反复地比较，不断地调整，这样才能得到优美而和谐的比例。

（二）尺度

尺度是指人与他物之间所形成的大小关系，由此形成对事物认识的一种大小感。设计中的尺度原理也与比例有关，比例与尺度都是用于表达物件的相对尺寸。不同之处在于，比例是指一个组合构图中各个部分之间的关系，而尺度则指相对于某些已知标准或公认的常量来衡量物体的大小。夸张的比例与尺度可使空间中的重点要素形

图3-2-4　夸张的比例与尺度产生特定的戏剧性效果

成视觉的注意，产生特定的戏剧性效果，使之与其他要素形成鲜明的对比；而平淡正常的造型与尺度则很难引起人的注意。

在公园设计中，空间的尺度问题并不限于一个简单的关系。某个要素可以同时与整个园林空间或各要素之间以及使用空间的人们发生关系。一些要素从"视觉尺度"的角度看有着正常的符合规律的尺度关系，但是相对于其他的要素可能存在尺度上的异常。因此，在公园设计中，各种要素的尺度都应该使它的实际大小与人的视觉印象相符，如果忽略了这一点，任意地更改某些物件的尺寸，就会使人产生错觉，导致要素间的尺度失衡，如实际应大的感觉"小"了，或实际应小的感觉"大"了等。

四、对比与统一

对比是指两种或多种形式元素在形状及性格差异上的相互比较，使彼此的特色更加明显。形式要素的对比主要体现在形状、色彩、体量、质感等之间的差异，可使人获得惊讶、奇异的感觉。与对比相对应的是统一，设计中如果缺乏统一性，整体上则会杂乱无章，局部支离破碎、互相冲突。（图3-2-5、图3-2-6）

图3-2-5　水平与垂直的对比

图3-2-6　铺地材质对比

（一）对比

形式元素的对比体现在以下几个方面：

1. 水平与垂直方向的关系对比

水平与垂直在方向上具有不同的指向性，可形成极好的对比效果。如在空旷的草坪上，耸立一株大树，那么树的垂直指向性与草坪的水平面形成鲜明的对比。

2. 形体的对比

形体的对比主要体现在形式元素的体量和形状的差异性上。体量对比是因形式元素之间在空间尺度上的差异所形成的对比效果；形状对比是形式元素间在外部轮廓所形成的差异，如几何形体与自然形体的组合，在形状上就会产生对比。

3. 色彩的对比

俗话说"万绿丛中一点红"，就是色彩对比的自然体现。园林设计中色彩的对比运用，主要通过植被、花草、材料基色等自然色彩以及人工色彩的组合，形成一种主副关系，突出主要形式元素的表现。

4. 质感的对比

质感是指生物与非生物表面结构的粗糙程度，并由此引起人的感受。质感的对比不具备强烈的反差效果，它所形成的对比只是平静中的暗示、安逸中的变化。

5. 疏密的对比

在中国的绘画构图中有着"密不透风，疏可走马"的讲法，强调在画面构图的位置经营上必须有疏有密，不可同等对待，以求得画面的气韵生动。在公园设计中，疏密关系处理主要体现在形式要素的聚散关系上，聚则密、散则疏。

（二）统一

公园设计中，统一性的获得有以下几种方法：

1. 主体元素与从属元素之间存在一定的共同特征，以取得良好的统一性。

2. 设计中对于多焦点的创建，要处理好它的秩序性，否则视觉对焦点的反应会形成一种游离状态，造成视觉疲劳。

第三节
城市公园景观小品设计

城市公园景观小品作为公园景观的重要组成部分，集使用功能与观赏性为一体，形成其独特的性质与特点，并成为空间的焦点。在使用功能上，景观小品作为公园空间的设施，为人们的休息、游览、娱乐等活动提供必要的功能；在观赏性上，景观小品成为空间中的造景要素，与植物、水石等要素共同构成公园的景观。

一、建筑小品

（一）一般规定

建筑物的位置、朝向、高度、体量、空间组合、造型、材料、色彩及其使用功能，应符合公园总体设计要求。游览、休憩建筑的室内净高不应小于2.0m；亭、廊、花架、敞厅等的楣子高度应考虑游人通过或赏景要求。管理设施和服务建筑的附属设施，其体量和烟囱高度应按不破坏景观和环境的原则严格控制；管理建筑不宜超过2层。同时，"三废"处理必须与建筑同时设计，不得影响环境卫生和景观。

游览、休憩、服务性建筑物设计应符合下列规定：

（1）与地形、地貌、山石、水体、植物等其他造园要素统一协调。

（2）建筑层数以一层为宜，起主题和点景作用的建筑高度和层数服从景观需求。

（3）游人通行量较多的建筑室外台阶宽度不宜小于1.5m；踏步宽度不宜小于30cm，踏步高度不宜大于16cm，台阶踏步数不少于2级，侧方高差大于1.0m的台阶，应设护栏设施。

（4）建筑内部和外缘，凡游人正常活动范围边缘临空高差大于1.0m处，均应设护栏设施，其高度应大于1.05m；高差较大处可适当提高，但不宜大于1.2m；护栏设施必须坚固耐久且采用不宜攀登的构造材料，其竖向力和水平荷载均按1.0kN/m计算。

（5）有吊顶的亭、廊、敞厅，吊顶采用防潮材料。

（6）亭、廊、花架、敞厅等供游人坐憩之处，不采用粗糙饰面材料，也不采用易刮伤肌肤和衣物的构造。

（二）亭

亭在园林中的应用具有悠久的历史，形成了其独特的形式与造景。在城市公园中，亭的设计在继承传统的基础上，融入了更多的现代设计元素，无论是在造型上还是材料的使用上，都更加多样化。（图3-3-1~图3-3-4）

亭作为公园中"点睛之物"，应置于视线的交汇处，形成视觉的焦点。亭在公园中的形式和特点如表3-3-1所示。

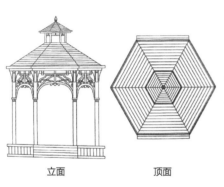

立面　　　　　　顶面

图3-3-1　亭立面图、顶面图

图3-3-2　西湖边上的临水亭

图3-3-3　慕尼黑英式公园中的山亭

图3-3-4　慕尼黑英式公园中的平地亭

亭的类型　　　　　　　　　　　　　　　　表3-3-1

名称	特点
山亭	设置在山顶和人造假山石上，多属标志性
桥亭	建在桥中部或桥头，具有遮蔽风雨和观赏功能
临水亭	亭应尽量贴近水域，位置宜低不宜高，最佳位置是突出于水池中央
廊亭	与廊相连接的亭，形成连续景观的节点
群亭	由多个亭有机组成，具有一定的体量和韵律
纪念亭	具有特定意义或代表性的功能
凉亭	以木制、竹制或其他轻质材料建造，多用于盘结悬垂类蔓生植物，亦常作为外部空间通道使用
平地亭	亭常置于道路的交叉处，路边的林荫之间，成为赏景、观景之地

图3-3-5　南京瞻园的曲尺回廊

（三）廊

廊是亭的延伸，是一种比较简单的构筑物。它是连接建筑与建筑之间的通道，是建筑与外部空间的一个过渡空间（图3-3-5）。廊具有引导人流、引导视线，形成视角多变的交通路线，连接景观节点和供人休息等多种功能。

1. 廊的基本功能

1）廊是有顶盖的游览通道，防雨遮阳，联系景点和建筑，并自成游览空间。

2）分隔或围合不同形状的情趣空间，以通透、封闭地或半透半合地分隔方式，显示出丰富的空间层次。

3）作为山麓、水岸的边际联系纽带，增强和勾勒山脊线走向、轮廓。

2. 比例尺度

廊的宽度和高度应根据人的尺度比例关系加以控制。廊的宽度在3m左右，柱距以3m上下为宜。有些廊宽为2.5～3m，以适应游人流量增长后的需要，廊的一般高度在2.2～2.5m。公园景区内建筑与建筑之间的连廊尺度控制必须与主体建筑相适应。

柱廊是以柱构成的廊式空间，既有开放性，又有限定性，能增加环境的景观层次感。柱廊一般无顶盖，纵列间距4～6m为宜，横列间距6～8m为宜。柱廊下设置高1m左右的栏杆或在廊柱之间设置0.5～0.8m高的矮墙，以供坐憩。

3. 廊的基本类型

从平面上划分有：曲尺回廊、抄手廊、之字形曲折廊、弧形月牙廊。

从立面上划分有：平廊、跌落廊、顺坡廊。

从剖面上划分有：双面空廊、半壁廊、单面空廊、暖廊、复廊、楼廊。

与景物环境配合的廊有：水廊、桥廊。

（四）塔

塔一般都比较高，在城市公园空间中起到控制点的作用，是人们视觉的焦点，环境识别的标志，并且表现一定区域特点的标志。目前中国城市公园中的塔，大多是古代遗留下来的，有在佛教盛行时期为纪念圣僧奉佛舍利的寺塔，还有后来逐渐脱离了宗教而走向世俗，衍生出来的观景塔和水风塔。自明清两代开始，逐渐产生了文峰塔这一独特的类型，所谓文峰塔即各州城府县为改善本地风水而在特定位置修建的塔，文峰塔的出现使得明清两代出现了一个筑塔高潮，许多塔都是以文峰塔的形态出现的。

（五）张力膜结构

张力膜结构是一种新型的建筑。张力膜结构自重轻、跨幅大，它依靠膜自身的张力与支撑杆和拉索共同构成结构体系，能塑造出轻巧多变、优雅飘逸的实体形态。在阳光的照射下，由膜覆盖的建筑物内部充满自然漫射光，无强反差的着光面与阴影的区分，室内的空间视觉环境开阔和谐。夜晚，建筑物内的灯光透过屋盖的膜照亮夜空，建筑物的体型显现出梦幻般的效果。作为标志设施，多用于公园的入口与广场上；也可作为遮阳避雨的设施，应用于露天平台、河湖区域等。张力膜结构以造型学、色彩学为依托，可结合自然条件及民族风情，根据设计师的创意建造出传统建筑难以实现的曲线及造型。（图3-3-6、图3-3-7）

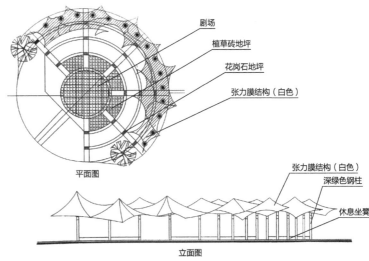

图3-3-6 张力膜结构景观建筑

图3-3-7 慕尼黑奥林匹克公园室外演出场的张力膜结构顶

二、环境小品设施

（一）墙体

公园墙体有围墙与景墙之分。围墙主要用于防护和分隔公园空间，有效地阻止车辆、行人的侵入和遮挡视线，减少外部的干扰。围墙的使用与设计，要考虑它的实用性与美观性，一般情况下，墙体宜采用透空或半透空的处理方式，使内外空间形成一定的渗透关系。

景墙是用于公园造景的设施，需对墙体表面进行一定的艺术处理，以提高其装饰性和感染力。景墙主要设于园内，并依据环境、视线与景物之间的需要，在形式、尺度、造型、位置上加以考虑，使之在园林空间序列中发挥应有的作用，起到局部遮蔽和衬景的含蓄作用。

（二）护栏设施

护栏设施包括栏杆和扶手，泛指游憩场地中能够起到栏杆作用的设施，可以是栏杆、矮墙或花台等。栏杆具有拦阻功能，也是分隔空间的一个重要构件。设置护栏设施的起始高差为1m，设计时应结合不同的使用场所，考虑栏杆使用的功能性和美观性，常用材料有铸铁、铝合金、不锈钢、木材、竹子等。

栏杆的设置依据它分隔空间的形式分为：高栏杆、中栏杆、低栏杆。

高栏杆：主要用于围合公园空间的边界，高度一般在1.5m以上，具有较强的防护性。

中栏杆：高度在0.8~1m之间，有一定的防护性，空间的封闭感较弱。

低栏杆：高度在0.4m左右，空间的开放性很强，只是形成视觉上的拦阻。

（三）照明设施

照明器具是城市公园中必不可少的设施，其本身的造型与功能也是园林构景的必要元素。照明器具的设计不但要重视其科学性，还要讲求艺术性的创造。一个优秀的照明器具设计除去考虑必要的夜晚照明外，还要注意器具在白天的视觉效果。照明器具的整体造型要协调，要符合环境因素间的关系。

在公园的公共区域，如门廊、亭舍、水岸、草地、花坛、雕塑、园路的交叉点等处，均应设置照明设施。由于照明器具在园林空间所设置的环境不同，对于其照明方式及造型的要求也有所不同，具体地体现在其分类当中。景观照明设计要点可参考表3-3-2。

景观照明设计要点 表3-3-2

照明分类	适宜场所	参考照度（lx）	安装高度（m）	注意事项
行车照度	主次车道	10~20	4.0~6.0	1. 灯具应选用带遮光罩的照明方式；
	自行车、汽车场	10~30	2.5~4.0	2. 避免强光直射，在路面上要均匀
人行照度	台阶、小径	10~20	0.6~1.2	1. 避免眩光，采用较低处照明；
	园路、草坪	10~50	0.3~1.2	2. 光线宜柔和
场地照度	运动场	100~200	4.0~6.0	1. 多采用向下照明方式；
	休闲广场	100~200	2.5~4.0	2. 灯具的选择应有艺术性
	广场	150~300	2.5~4.0	

続表

照明分类	适宜场所	参考照度（lx）	安装高度（m）	注意事项
装饰照度	水下照明	150~400	可根据照明的效果确定安装高度	1. 主要为公园空间的夜晚提供相应的景观效果，形成夜晚的一个亮点； 2. 水下照明应防水、防漏电，参与性较强的水池和泳池使用12V安全电压
	树木绿化	150~300		
	花坛、围墙	30~50		
	标志、门灯	200~300		
安全照度	交通出入口	50~70	0.3~2.5	1. 灯具应设在醒目位置； 2. 为方便疏散，应急灯设在侧壁为佳
	疏散口	50~70		
特写照度	浮雕	100~200	可根据照明的效果确定安装高度	灯具造型应与环境相协调，注重细部的处理，以配合游人在中、近视距的观赏
	雕塑、小品	150~500		
	建筑立面	150~200		

（四）座椅设施

座椅是公园内提供游人休闲的不可缺少的设施，供游人休息之用，一般设置在园中具有特色的区域，如水边、路边、广场等。（图3-3-8~图3-3-11）

图3-3-8 座具一

图3-3-9 座具二

图3-3-10 座具三

图3-3-11 座具四

公园座椅的形式可根据园林的特色和风格有针对性地设计，应结合环境规划来考虑座椅的造型和色彩，既可以是比较规则的，也可以是仿自然形态的。在材料的使用上可灵活掌握，既可以直接选用自然形态的材料，也可以使用经加工的自然材料或人工材料，但形式要符合环境的需要。座椅的选址应注重有利于游人的休息和观景，应避免设立于阴湿地、陡坡地、强风吹袭场所等条件不良或对人出入有妨碍的地方。

室外座椅的设计应满足人体舒适要求。普通座椅高380~400mm，座面宽400~450mm；标准长度：单人椅600mm左右，双人椅1200mm左右，3人椅1800mm左右；靠背座椅的靠背倾角100°~110°为宜。

座椅设计要点包括下面几个方面：

第一，座椅应坚固耐用、舒适美观、不易损坏。

第二，用于休闲或提供仰姿休息方式时，则需宽大的长椅。

第三，与身体接触部分的座板、背板宜做成木制品。

第四，夏季有座椅的地方宜设置蔽阳的设备，如绿荫树。

第五，必须是易于修理的构造，并且耐脏，同时又能与环境协调。

（五）标识设施

为使游人能对公园内各项景观资源有明确的认识，须在恰当的场合设立具有资讯告示的标志设施（图3-3-12、图3-3-13）。

图3-3-12　标识牌一

图3-3-13　标识牌二

1. 标识设施的基本架构

标识设施基本上是围绕游客、资源和经营单位三者关系进行的构思，就其系统而言，可分为以下五个系统：

第一，游客系统——包括游客行为特性、活动偏好等。

第二，资源系统——对解说提供支撑潜力或限制的资源。

第三，解说主题——提供游客认知自然、人文、史迹等资讯。

第四，解说媒体系统——传达解说内容的工具、方式。

第五，经营管理系统——经营规划，以满足游客的需求。

2. 标识设施种类

标识设施一般以标志牌的方式呈现，其种类可依照告示内容分为以下四种：

第一，解说牌。解说牌是用来"解说问题"的标志设施。解说牌起到加深游人对公园内某一景点文化内涵的理解，并协助他们能更好地开展游憩活动。

第二，指示牌。在公园中，指示牌起到引导、控制或提醒的作用，常有地图与路标等设施，可告诉游人目的地的方向与距离。

第三，警告牌。警告牌通常是基于安全需要所给予的警告设施。

第四，告示牌。常见的告示牌如大门处的管理规定，开放时间以及绿地上请游人勿踏草皮、勿攀摘花木的牌子。

（六）服务设施

在城市公园中，各类服务设施为游人的游憩提供了多种便利，常见的服务设施有公共厕所、电话亭、垃圾箱、健身器、自行车架、饮水器等。它们占地小、体量小、分布面广、数量众多，而且往往造型别致，色彩鲜明，易于识别，在布置中应充分考虑到它们和环境的关系，以及和使用者之间的关系，保证既便于寻找和随时利用，又能提高环境和景观效果。（图3-3-14～图3-3-19）

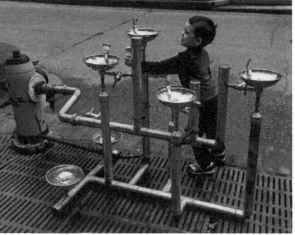

图3-3-14　饮水设施

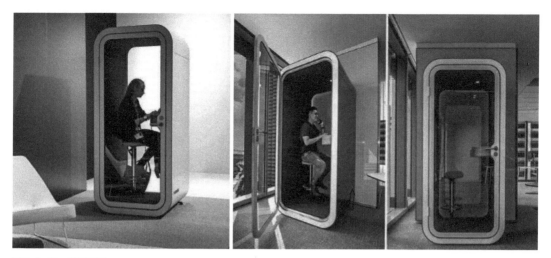

图3-3-15 公用电话一

图3-3-16 公用电话二

图3-3-17 公用电话三

图3-3-18 公共厕所一

图3-3-19 公共厕所二

（七）雕塑小品

雕塑小品是现代城市公园中必不可少的点景之物，按其性质可分为纪念性雕塑、主题雕塑、装饰雕塑和功能性雕塑，按其形式分为具象雕塑与抽象雕塑。（图3-3-20～图3-3-25）

图3-3-20　雕塑小品一　　　图3-3-21　雕塑小品二　　图3-3-22　雕塑小品三　　图3-3-23　雕塑小品四

图3-3-24　雕塑小品五　　　　　　图3-3-25　雕塑小品六

公园中的雕塑设计，应以园林环境为基础，对环境特征、文化理念、空间心理等进行理性的分析与理解，在环境理念的基础上对雕塑的材质、色彩、体量、尺度、位置等问题进行充分地研究，合理地组合。公园雕塑的设计原则体现为两个方面，其一是在整体环境与雕塑个体设计的有机结合；其二是注重功能性的综合与材料的多样性。比如，将雕塑与计时功能相结合，既满足了特定的功能需要，又美化了环境。

第三篇

功能设计与植栽配置融合

04

城市公园的功能分析
与交通组织

第一节
功能分析

在城市公园的规划设计中，功能分析是必需的也是重要的一个设计环节。无论具有怎样的设计主题，它一定是以功能为设计依托的，都必须遵循功能主义原则，满足一定的功能要求，这样的城市公园才具有实际的意义。

一般来说，任何一个城市公园都必须是物质功能、精神功能和审美功能共同作用的有机整体，以满足相应的需求。但由于公园设计所针对的目的不同，其功能的侧重点也不同，有些是以满足人的物质需求为主体，有些是以满足人的精神需求为主体，并且往往都伴随着审美功能的需求。现代城市公园是城市人群户外活动的必需空间，满足城市人群的基本户外活动需求是最基本的物质功能，从公园的要素组织到空间形态的处理，都应以人为本，进行人性化的设计，同时注重精神与审美内涵的协调，使城市公园成为三种功能共同作用的有机整体。

一、使用功能分析

城市公园的常见使用功能主要包括游憩、体育、文化教育、管理等几大类。从分区来看，大致可分为以下几个区域：休息、散步、游览区，运动健身区，公共游乐区，儿童游戏区和附属部分。

（一）休息、散步、游览区

这是公园空间中最基本、最主要的部分，它为人们提供了一个机会、一个场所，属于安静的区域。该区域应多种树木、花草，可用树木遮挡视线，形成较为安静的场所。在集中的位置设置喷泉、雕塑和环境设施，特别是座椅。座椅的位置、高度、大小、色彩、质地要满足人们的生理需求和心理需求，其数量和间距要满足个人静坐和多人交谈、娱乐的功能。（图4-1-1～图4-1-3）

图4-1-1 荷兰乌特勒支运河公园公园散步道

图4-1-2 加拿大邻里公园活水游览区

（二）运动健身区

运动健身区包括运动场地、运动设施、小品设施等。一般常有大片硬质铺地、座椅和花架、亭、廊等遮阳避雨设施，其属于"闹"的区域。（图4-1-4、图4-1-5）

（三）公共游乐区

在集中景观的公共区域，是人群聚集地，可分区布局公众参与的游乐项目，如可设置室外演出场地等娱乐空间，其属于"闹"区域。（图4-1-6、图4-1-7）

（四）儿童游戏区

儿童游戏区一般有戏水池、沙坑、迷宫、跑道、器械等。为了看护方便，应提供座椅等休息设施，其域属于"闹"区。（图4-1-8、图4-1-9）

图4-1-3　日本东京杉并区中央公园休闲区

这类设施包括小卖部、冷饮店、公共厕所以及管理用房，布局上相对集中，靠近主要道路和公共绿地的出入口。（图4-1-10、图4-1-11）

图4-1-4　北京八角公园居民健身区一

图4-1-5　北京八角公园居民健身区二

图4-1-6　日本神户公园公共游乐区一

图4-1-7　日本神户公园公共游乐区二

图4-1-8 埃尔劳雷尔包容性公园儿童游戏区一

图4-1-9 埃尔劳雷尔包容性公园儿童游戏区二

图4-1-10 莫斯科沃龙佐夫公园Narton咖啡馆

图4-1-11 香港海滨公园公共厕所

二、使用功能分类

一般功能较为全面的，可规划为综合公园，而功能较为细分的，可根据具体的侧重点，规划为使用功能更为明确的分类公园，如儿童公园、动物园、植物园、滨水公园、居住区公园等。

（一）综合公园

根据公园的活动内容，应进行分区布置（图4-1-12、图4-1-13）。各个公园的规模、性质各异，一般有以下功能分区：

（1）入口广场区：与城市街道相连，位置明显，有方便的交通，有较大面积的平坦用地。

（2）文化娱乐区：主要入口附近，地形较平坦。此区域主要通过游玩的方式进行文化教育和娱乐活动，因此可设置展览场地、露天剧场、文化娱乐中心、音乐厅、茶室等。由于园内一些主要建筑设置在这里，因此常位于公园的中部，成为全园布局的重点。布置时要注意避免区内各项活动之间的相互干扰，故要使有干扰的活动项目相互之间保持一定的距离，并利用树木、建筑、山石等加以隔离。群众性的娱乐项目常常人流量较多，而且集散的时间集中，所以要妥善地组织交通，需接近公园出入口或与出入口有方便的联系，以避免不必要的园区拥挤，希望用地达到30m²/人。该区域游人密度大，要考虑设置足够的道路广场和生活服务设施。

（3）儿童活动区：该区域和儿童公园在内容和布置上是比较相似的，只是规模有些不同。本区域需考虑在主要或次要入口附近，地势平坦，阳光充足，自然景色较好，有一定的遮阴条件。一般情况下，儿童由成人携带，因此也需考虑成人照看儿童和休息的功能需求。区内应设置厕所、小卖部等服务设施。

（4）老人活动区：此区域是供老年人活跃晚年生活，开展文化、体育活动的场所。

图例 Legend

i	游客服务中心 Visitor Center	3	粼波桥 Sparkling Bridge	7	风拂花海 Sea of Flowers	11	沐光大草坪 Activities Lawn
P	停车场 Parking Lot	4	月牙湾 Crescent Bay	8	缤纷运动场 Outdoor Sports	12	幻圆亭 Wedding Pavilion
1	乐耀广场 Entry Plaza	5	水岸活动平台 Timber Deck	9	跃动健身区 Outdoor GYM Area	13	水映剧场 Waterfront Amphitheater
2	中心景观湖 Central Lake	6	回响乐园 Echo Playground	10	冰隐湖 Outdoor Skating Lake		

图4-1-12 包头万科中央公园总平图

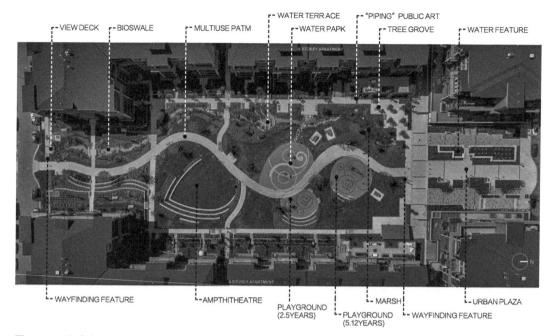

图4-1-13　加拿大Goldenview综合公园总平图

（5）体育活动区：距主要入口较远，有一块平坦的运动比赛场地，靠近水面，可供游泳、划船等，树木较少，不必采伐树木。

（6）安静休憩区：供人在此安静休息、散步、锻炼身体和欣赏自然风景。该区可选择距主要入口较远，但与其他各区联系方便的场地。用地应选择在原有树木最多，地形变化最复杂的区域。同时该区域还应具有良好的视野，靠近自然环境，安静舒适，空气清新。

（7）办公管理区：大门附近的僻静之地，该区域主要为公园的管理用地，应设有专用出入口，避免游人随便进出。

（二）儿童公园

儿童公园一般坐落在城市居住区或学校附近，它是单独设置的有完善的安全设施并供少年儿童游戏、娱乐、体育以及进行科普教育、文化活动的专类公园（图4-1-14、图4-1-15）。由于不同年龄的儿童其生理、心理特点不同，兴趣爱好、运动量大小不同，因此儿童公园在活动内容的安排上可进行分区，通常分为以下5个区域：

（1）幼儿区：为学龄前儿童活动的地方。

（2）学龄儿童区：为学龄儿童游戏活动的地方。

（3）体育活动区：进行体育运动或障碍攀登活动的场所，多为儿童自行活动的场所。

（4）娱乐和科技活动区：可设各种娱乐活动和少年科技活动项目以及科普教育设施，如在水面的一角设置航模区，在公园的一角可饲养一些小动物供儿童观赏。

（5）办公管理区：该区域主要为儿童公园的各类项目提供服务与管理。

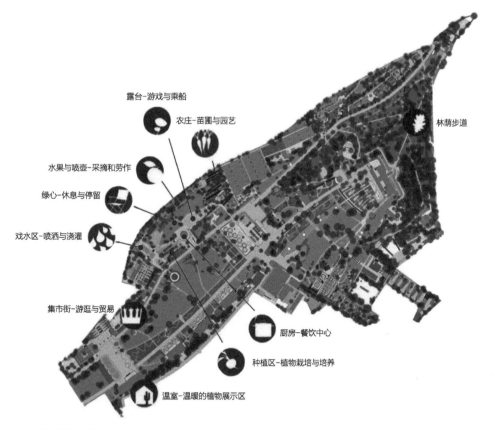

露台-游戏与乘船

农庄-苗圃与园艺

水果与喷壶-采摘和劳作

绿心-休息与停留

戏水区-喷洒与浇灌

林荫步道

集市街-游逛与贸易

厨房-餐饮中心

种植区-植物栽培与培养

温室-温暖的植物展示区

图4-1-14　德国艾格儿童公园平面图

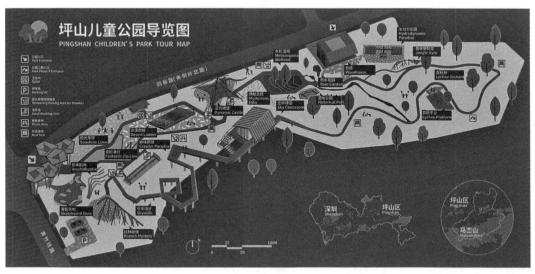

图4-1-15　深圳坪山儿童公园平面图

（三）动物园

动物园是搜集、养育野生动物及家养良种兽禽，进行科学研究、科普教育，提供公众参观、游憩的园地（图4-1-16～图4-1-18）。其功能分区包括行政管理区、动物养育区、动物展示区三大主要功能区，满足以下几个方面的功能需求：

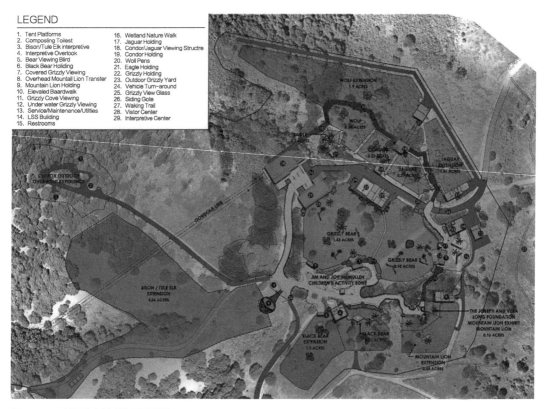

LEGEND
1. Tent Platforms
2. Composing Toilest
3. Bison/Tule Elk interpretive
4. Interpretive Overlook
5. Bear Viewing Blird
6. Black Bear Holding
7. Covered Grizzly Viewing
8. Overhead Mountail Lion Transfer
9. Mountain Lion Holding
10. Elevaled Baardwalk
11. Grizzly Cove Viewing
12. Under water Grizzly Viewing
13. Service/Maintenance/Utilties
14. LSS Building
15. Restrooms
16. Wetland Nature Walk
17. Jaguar Holding
18. Condor/Jaguar Viewing Structre
19. Condor Holding
20. Woll Pens
21. Eagle Holding
22. Grizzly Holding
23. Outdoor Grizzly Yard
24. Vehicle Turn-around
25. Grizzly View Glass
26. Siding Gote
27. Waking Trail
28. Vistor Center
29. Interpretive Center

图4-1-16　美国奥克兰动物园平面图

图4-1-17　美国奥克兰动物园园内景观步道局部

（1）保护：搜集和保护野生动物，就地或异地保护野生动物种质资源，保护动物多样性。

（2）科研：不断提高动物驯化、饲养、繁殖和医疗等技术。

（3）科普：普及动物科学知识，展示动物分布、进化、发展状况，增强公众的环保意识、生物多样性知识、保护动物的意识。

（4）教育：为学生提供动物科学教育基地和实习场所。

（5）游憩：为公众提供环境洁净、景观优美、设施完善的游览休闲场所。

（6）交流：推进动物资源和技术的国际交流，增进友谊，促进动物资源保护。

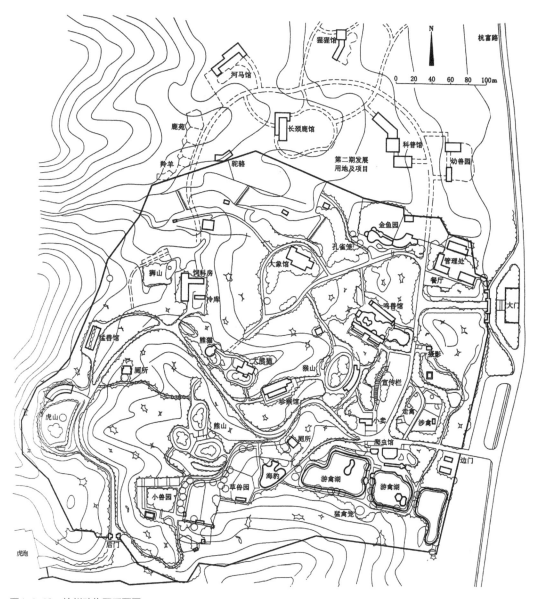

图4-1-18　杭州动物园平面图

（四）植物园

《城市绿地分类标准》CJJ/TB 5—2002中对植物园所下的定义是：植物园是进行植物科学研究和引种驯化，并供观赏、游憩及开展科普活动的绿地（图4-1-19～图4-1-22）。根据以上对植物园的内容和范围进行的规定，可规划为以下几大区域：

（1）出入口区：该区域包括入口广场、大门建筑和次要入口区。其功能是承担停车、集散、售票和管理人员出入。

（2）展览区：这是植物园最重要的部分，该展览区往往通过细分展示的方式来对不同属性的植物群进行展示。一般植物园展览分区按观赏分类为：蔷薇园、杜鹃园、牡丹园、桂花园、兰园、盆景园等。

（3）研究试验区：这是研究引种驯化理论与方法的主要场所，一般设有试验地、苗圃、原始材料圃、繁殖温室、人工气候室、冷藏库、病虫防治室、贮藏室等。该区不对外开放，规划时可采取与展览区既相邻又相隔的方法。

（4）游客服务区：设计服务性设施，如小卖部、茶室、厕所等。

（5）景点休闲区：设计休息类设施，如亭、廊、塔、小桥、桌椅等。

（6）办公管理区：大门附近的僻静之地，该区域主要为植物园的管理用地，应设有专用出入口，避免游人随便进出。

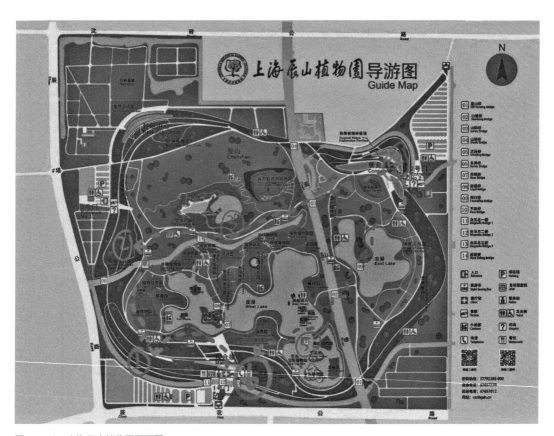

图4-1-19　上海辰山植物园平面图

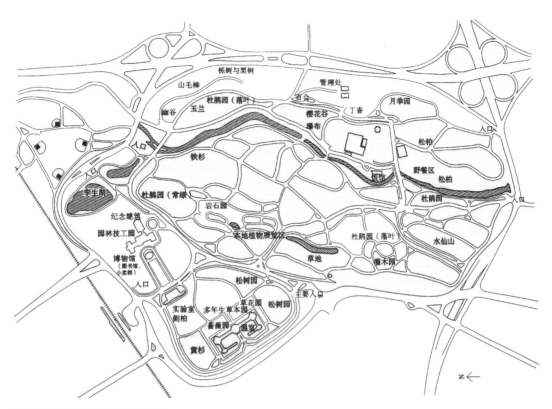

图4-1-20　美国纽约植物园平面图

图4-1-21　重庆南山植物园的樱花节

图4-1-22　重庆南山植物园游客在草坪野餐

（五）滨水公园

滨水公园设计在整个景观设计中属于比较复杂的一类，牵涉诸多方面的问题，不仅有陆地上的，还有水里的，更有水陆交接地带——湿地的，与景观生态的关系极为密切（图4-1-23、图4-1-24）。因此，在滨水公园的设计中，应注重加强以下几方面的功能分析：

（1）治水与亲水功能并重

治水是城市滨水区域景观规划设计的前提和基础，如果一个城市滨临的江、河、湖污染严重，那么亲水功能也就无从说起。因此，在滨水公园设计中，应处理好滨水空间各要素之间的关系，从陆地到水面，滨水区可依次分为滨水城市活动场所、滨水绿化、滨水步行活动场所、水体边缘区域等四个部分，分别对应滨水公园的城市职能、自然保护、游憩休闲、戏水亲水功能。

（2）重塑自然生态环境

重塑自然生态环境需要提高水岸的自然度，尽量恢复滨水原有的生态环境，通过生态驳岸的设计和水生植物的栽培，恢复和创造自然生境。

（3）与城市系统尤其是城市绿地系统融合

滨水公园以其良好的生态景观，可以为城市发挥生态"绿肺"的作用，通过滨水水岸原有狭窄的带状结构的扩张，进一步由线到面，增加人们与绿色生态环境的接触范围。

（4）提供市民户外活动的场所，成为展示城市生活的舞台

设计一个人们城市生活的舞台，满足人们休闲、娱乐、健身等多方面、多层次的需求，是滨水公园的一个重要功能。

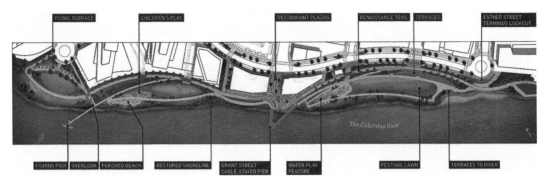

图4-1-23 华盛顿温哥华滨水公园平面图

图4-1-24 华盛顿温哥华滨水公
园滨水步道

（六）居住区公园

居住区公园是城市空间中最基本的一部分，是满足人们交往的基本公共空间。在城市中，居住区的绿化环境是城市空间不可缺少的组成部分，它直接关系到居民的生理健康和心理健康。居住区公园一般是以居住小区的居民为服务对象，满足日常的室外活动，特别是居住区内的老人和小孩。居住区公园可根据居民的使用情况，分成不同的区域，满足不同使用需求的人的日常室外活动。（图4-1-25、图4-1-26）

（1）休息、散步、游览区：这是最基本的组成部分，提供大多数人进行活动的室外空间，其功能主要是在工作之余能够有一个满足休息的场所，缓解工作压力，能够和家人、邻居交谈、散步。该区域属于安静区，应避免与游乐设施、游戏场等喧闹的区域靠近，宜种植花木，形成一个较为安静的场所。

（2）游乐区：在居住区公园中常常设置游戏设施、文娱活动室等。在居住区公园中，它属于"闹"的环境，应避免对其他分区的干扰。

（3）运动健身区：这是居住区公园的基本组成部分，包括运动场地、运动器械、椅凳、设施小品和草地等。在居住区公园中，它属于"闹"的环境，应避免对其他分区的干扰。

图4-1-25 居住区公园——深圳梅丰社区公园俯视图　　　图4-1-26 居住区公园——深圳梅丰社区公园休闲散步区

（4）儿童游戏区：在儿童游戏区内，一般常用的游乐设施有戏水池、沙坑、迷宫、跑道、器械等，同时为了大人的看护方便，应提供桌椅、亭、廊等休息设施。

（5）附属部分：主要提供居民在休息和活动时的服务需求，包括小卖部、读报栏、公共厕所以及管理用房等。

三、年龄结构分析

不同年龄的人对环境往往有不同的要求，针对老年人、中青年人和儿童各自生理和心理特点的差异，在城市公园的功能设计中，也应有所不同。（表4-1-1～表4-1-3）

使用人群—行为特征及需求分析 　　　　　　　　　　　表4-1-1

	行为特征	游憩中的需求
老年人	群体性活动、爱热闹	排遣寂寞、结识伙伴
中年人	活动以双休日为主，以小家庭为单位	亲子、释放工作压力
青少年	自发性群体活动	通过运动、娱乐、科普等形式释放学业压力
儿童	家长带领下的被动性活动	玩耍中认识世界，与人进行初步交流

功能分区—设施需求分析 　　　　　　　　　　　表4-1-2

	游憩项目	配套设施	区位
老年人	拳操、扇舞、棋牌、散步、垂钓、园艺观赏、交流交友	林荫广场、休闲亭廊、树木草坪、健身器械、亲水平台、卵石健步道、休闲桌椅	中央广场区、休闲活动区、绿荫散步区、滨水休憩区
中年人	羽毛球、网球、散步、园艺、喝茶、咖啡、约会	运动场、休闲亭廊、休闲散步道、树木草坪、茶室、咖啡吧、休闲桌椅	运动游戏区、休闲活动区、绿荫散步区、景观建筑区
青少年	篮球、板滑、旱冰、放风筝	运动场、林荫广场、大草坪、休闲亭廊、休闲桌椅	运动游戏区、休闲活动区、中央广场区、草坪活动区
儿童	戏水、沙地滑滑梯、阳光浴、攀爬、自由嬉戏	滨水广场、戏沙地、滑梯、攀爬架、大草坪、休闲桌椅	滨水休憩区、儿童活动区、草坪活动区、休闲活动区

年龄	场地规模	最小面积	服务人数	设施
小于3岁婴儿期	—	—	—	草坪
3～6岁幼儿期	$150～450m^2$	$3.2m^2$/名	20～30个儿童	草坪、沙坑、水池、硬质场地、座椅
7～12岁童年期	$500～1000m^2$	$8.1m^2$/名	20～100个儿童	游戏器械、沙坑、滑梯
12～15岁少年期	$1500m^2$左右	$12.2m^2$/名	90～120个儿童	小型体育场地、游戏场地、文化设施、科技中心等

　　通过以上的分析可以看到，在城市公园的设计中应对可能使用公园的人群进行细分，更多地考虑使用人群的现实需求，同时根据这些人群不同的行为特征及他们在游憩活动中的需求，进行相应的功能划分和游憩设施的布局。

　　考虑到城市公园面积有限，不可能有足够空间为上述每种目标人群都划分出特定的活动空间。因此，在功能分区上，可将不同目标人群功能相近的区域进行合并。事实上，各种人群在活动中也有他们的交集，只要在设计中加以相应的引导，在有限的空间和设施条件下，可将同一区域限定出多种功能用途，产生更高的实用价值。比如，在城市公园的中央广场区，清晨是老年人打太极拳的天地；中午，茶室、咖啡吧摆出露天座位，为上班的中青年人提供午餐和下午茶；傍晚，这里就成了青少年儿童的世界，玩旱冰、滑滑板车都可尽情施展；夜晚，这里又成了广阔的舞池，是中老年人健身、交友的良好场所。（图4-1-27～图4-1-29）

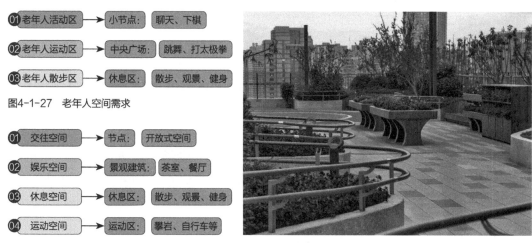

图4-1-27　老年人空间需求

图4-1-29　中青年人空间需求　　　　　　　　图4-1-28　老年人活动空间

四、功能分区与平面设计

　　城市公园设计的目的是在外部空间中创造适宜于城市居民活动的场所，这也是公园的平面设计中需要着重考虑的因素。通过对使用功能和年龄结构的分析，我们了解到一般城市公园中对各功能区域的需求，为了使公园具有更好的功能性，在设计过程中一般需要三个阶段，即功能设定阶段、功能划分阶段、功能组织阶段。

（一）功能设定

功能设定的首要任务是为功能与场地的各要素之间建立起一定的对应关系。就好像日常起居、就寝、进餐、烹饪、如厕需要有相对应的客厅、卧室、餐厅、厨房和卫生间。在城市公园的设计中如果明确了需包含的各项功能，也就不难在平面设计中设置相应的场地以实现其功能性。

需要指出的是功能设置也应在适当的限度控制之中，当设计过多的功能时，景观质量往往无法保证，空间也会变得凌乱不堪。

（二）功能划分

1. 从使用性质上分

根据不同的使用性质，可将公园功能大致分为几种区域：

1）公共区

凡是可以由市民共同使用的区域都可以称为公共区，例如入口广场、中央广场、运动游戏区、儿童活动区等。

2）半公共区

介于公共区域与私密区域之间的过渡区域都可以称为半公共区，例如绿荫散步区、滨水休憩区、休闲活动区等。

3）私密区

由个人或少数人占有的区域一般都可以称为私密区域，例如动物园、植物园内的研究和保护区、办公管理区、安静休憩区等。

2. 从边界形态上分

不同区域的形成主要依靠界面的分隔，由于这些边界的形态各异，使其形态也各有不同。这里的不同，主要在于所限定区域的强度。

1）封闭区域

封闭区域的界面相对较为封闭，限定性强烈，空间流动性小，这类场所称之为封闭区域。其特征为具有内向性、收敛性和向心性，人们在这类区域中具有很强的驻留性，能够产生领域感和安全感。在外部空间，一般较为私密的空间都属于这样的封闭区域。

2）开敞区域

开敞区域是指界面非常开敞，对于空间的限定非常弱的一类区域。其特点是具有通透性、流动性和发散性，与同等面积的封闭空间相比，会显得更大，但此类区域的驻留性不强，私密性也不够。

3）中界区域

中界区域是指介于封闭区域和开敞区域之间的过渡形态，其界面的限定性不强，但又不是完全没有界定的场所。

3. 从空间态势上分

相对于室内空间的实体来说，像城市公园这样的外部空间是一种虚的东西，通过人们的主观感受和体验，可以产生某种态势，形成动与静的区别，还可以具有某种流动性。

1）动态区域

动态区域是指场地中没有明确的中心，具有很强的流动性，能产生强烈的动势。一般开放性的区域，由于没有固定的边界形态，因此都有很强的动势，交错组合在一起的空间也具有动态特征，另外曲面界面的空间亦可产生一种运行的、连续的动态感。

2）静态区域

静态区域是指场地相对较为稳定，有一定的控制中心，人们在其中可以产生较强烈的驻留感。一般封闭空间属于静态区域，边界是规则几何形体的区域更具有稳定性。

3）流动区域

在场地内，采用垂直或水平方向上的象征性分隔，保持最大限度的交融与连续、视线通透，交通无阻隔性或极小阻隔性，这种地区称为流动区域，其追求的是连续的、运动的特征。

（三）功能组织

当城市公园景观中的功能及其适宜的空间都十分明确后，接下去就应该进入对功能的组织阶段。这些大小不等、形态各异的空间需要通过一定脉络的串联才能成为一个有机的整体，从而形成城市公园景观平面的基本格局。

以居住区公园为例，依据功能系统组织景观，居住区公园景观的基本要素可以依据功能分为以下几类：第一，交通要素，包括入口广场、公园内主干道、次干道、室外停车场、自行车停放点等；第二，场地要素，包括儿童、老人活动场、游泳池、羽毛球场、中心广场、平台硬地等；第三，绿地水面要素，包括行道树、花坛、草地、水池等。

完成按功能分类后，组织的方法可称为系统组织，将同一类的要素联系在一起，使同类要素在公园景观内布局合理、联系紧密，使整体的功能性得到充分发挥。城市公园景观设计中的交通分析、绿化分析就是通过对这些同类要素系统性的考虑来实现景观设计的功能分析。（图4-1-30）

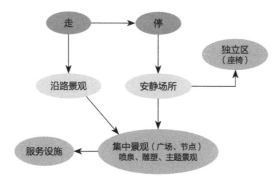

图4-1-30　功能组织与节点分布示意图

第二节
交通组织

城市公园的交通组织，也就是公园内园路的组织与布局。园路是公园内各种路径的统称，包括小径、主要步行道和车路。园路在公园中的作用极为重要，它在规划结构中是公园内的空间形态骨架，是公园内功能布局的基础。园路作为园内与园外的基本脉络，起着内与外的连接作用，是市民进行日常游憩活动的通行通道，有着最基本的交通功能，包括道路、停车场地、回车场地等硬质铺装用地。园路除了具有交通、导游、组织空间、划分景区等功能以外，还具有造景的作用。

一、交通组织与路网布局

公园交通组织方式和路网布局的形式有人车分行和人车混行两种。

（一）人车分行

建立人车分行的交通组织体系的目的在于保证公园环境的独立性和安全性。人车分行方式使公园内各项游憩活动能正常进行，避免区内大量机动车对游憩活动质量的影响，如交通安全、噪声、空气污染等。基于这样的交通目标，在公园内的路网布局方面应遵循以下原则：

（1）进入公园后步行道和车道在空间上分离，设置步行道与车行道两个独立的路网系统。

（2）车行路应分级明确，可采取围绕公园布置的方式，并以枝状尽端路或环状尽端路的形式延伸到游憩场地出入口。

（3）在车行路周围或尽端，应设置适当数量的停车位，在车行道路的尽端应设置回车场地。

（4）步行道应尽量在景区内部，将绿地、活动场地、公共服务设施串联起来，并延伸到游憩活动场地的入口。

人车分行的路网布局一般要求步行路网与车行路网在空间上不能重叠，在无法避免时可以采用局部交叉的设计措施。在有条件的情况下，可采取车行道整体下挖并覆土，营造人工地形，建立完全分离、相互完全没有干扰的交通路网系统；也可以采用步行路网整体高架，建立两层以上的步行路网系统的办法来达到人车分行的目的。

（二）人车混行

城市公园在许多情况下，人车混行的交通组织方式与路网布局有其独特的优点，这种方式在交通量不大的公园内，既方便又经济。在具体路网布局中，如何处理安全与便利的关系，应综合考虑人车混行、园区规模、游人愿意选择的交通方式以及场地环境等因素。在规模不大的公园内，不必刻意强调人车完全分行。当然，随着生活水平的提高和对空气环境的需求，越来越多的城市公园不再允许一般车辆进出公园，这也逐步得到了市民的理解和认可。

二、道路分级、宽度与设计规定

（一）分级、宽度

公园的道路也称为园路，按其使用功能可以划分为主路、支路和小路三个等级。各级园路以总体设计为依据，确定路宽、平曲线和竖曲线的线性以及路面结构。园路宽度宜符合表4-2-1的规定。

园路宽度（m）   表4-2-1

园路级别	陆地面积（hm²）			
	<2	2~10	10~50	>50
主路	2.0~3.5	2.5~4.5	3.5~5.0	5.0~7.0
支路	1.2~2.0	2.0~3.5	2.0~3.5	3.5~5.0
小路	0.9~1.2	0.9~2.0	1.2~2.0	1.2~3.0

（二）道路设计有关规定

（1）公园内的主路纵坡宜小于8%，横坡宜小于3%，粒料路面横坡宜小于4%，纵、横坡不得同时无坡度。山地公园的园路纵坡应小于12%，超过12%应作防滑处理。主园路不宜设置梯道，必须设梯道时，纵坡宜小于36%。

（2）支路和小路，纵坡宜小于18%。纵坡超过15%路段，路面应作防滑处理；纵坡超过18%，宜按台阶、梯道设计，台阶踏步数不得少于2级，坡度大于58%的梯道应作防滑处理，宜设置护栏设施。

（3）经常通行机动车的园路宽度应大于4m，转弯半径不得小于12m。

（4）园路在地形险要的地段应设置安全防护设施。

（5）公园出入口及主要园路宜便于通过残疾人使用的轮椅，其宽度及坡度的设计应符合《方便残疾人使用的城市道路和建筑物设计规范》JGJ 50中的有关规定。

三、铺装场地

根据公园总体设计的布局要求，确定各种铺装场地的面积。铺装场地应根据集散、活动、演出、观景、休憩等使用功能要求做出不同设计。地面铺装是城市公园的构成要素之一，可分为软质铺装与硬质铺装。软质铺装主要以地被植物覆盖地面，硬质铺装是以硬质材料对裸露地面进行覆盖，形成一个坚固的地表层，既可防止尘土飞扬，又可作为车辆、人流聚集的场所。这里主要讨论硬质铺装。

（一）铺地的材料选择与要求

公园地面的硬质铺装，可选用的材料范围比较广泛，如天然石材（规则的与不规则的）、鹅卵石、石子、砖、水泥、专用铺地砖、木材等。

铺地因其使用对象及功能的限定，要求也不尽相同，比如对公园中主要交通干道，要求铺装的地面平整、牢固，防滑、耐磨，在形式上要简洁大方，便于施工与管理等。

（二）铺地材料的种类及铺装形式

1. 石材铺装及形式

石材的铺装形式可根据设计的意图进行规划，主要有自由式铺装、规则式铺装两种。

第一，自由式铺装。此种铺装是以没加工过的自然石材进行铺装，路表面的平整度较差，需用水泥勾缝固定或埋入地中。鹅卵石铺装也属于自由式铺装，通过刻意的安排，可形成美丽、复杂的图案。尤其是将大小不同、颜色各异的鹅卵石以一定的方式组合，可产生不同凡响的效果。

第二，规则式铺装。采用经人工加工过的，且尺度一致的石材，进行有规律的铺装，形式上多以几何形构图为主。

2. 广场砖的铺装与形式

广场砖是人工制造的一种仿石质铺装材料，具有很好的强度和硬度，是地面铺装必用的材料之一，在形式、色彩、质感上有多种选择。比如在砖形上有六角形、三角形、梯形、方形等，且表面粗犷质朴，砖面的色彩有红、黄、棕等。砖的铺设可根据砖的形状进行相应的组合，并以砖色加以区分，铺砌出多种几何式图案形式。

3. 黏土砖（火烧砖）的铺装与形式

黏土砖作为建筑用砖，也常常用于地面的铺装。在铺装过程中依据砖的拼接方式，可形成不同的表现形式。（图4-2-1、图4-2-2）

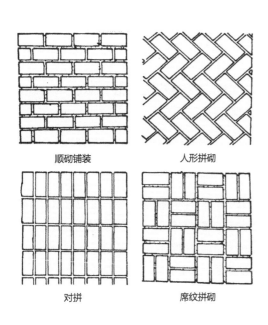

顺砌铺装　　　　　人形拼砌

对拼　　　　　席纹拼砌

图4-2-1　黏土砖的铺装与形式

图4-2-2　道路铺装形式

1）顺砌铺装：是黏土砖铺地的常用方式，因其铺装的有规律性重复排列，形式上稳重有余，活泼不足。同时砖顺砌可形成不间断的连接线，在空间上具有一定的导向性。

2）人形拼砌：将黏土砖以人字形拼砌铺装，形成一种规律性的变化，在形式上可形成一种韵律感，较顺砌铺装更具活泼性。

3）荷兰式斜拼：其拼砌方式与人形拼砌基本相同，只是摆置要按规定的角度。

4）对拼：采用对等拼砌的方式铺装。此种铺装在形式上过于呆板，缺乏变化。

5）席纹拼砌：是以两块砖为一单元，相互交错拼砌，形式上形成有规律的变化。

4．木材铺装

地面的木质铺装多应用于一些小面积的局部铺装，常作为点景需要，木质铺装在形式上无过多变化，比较单一。（图4-2-3）

图4-2-3 木材与黏土砖铺装

百里香

香草园

蓝花鼠尾草

05

第五章

城市公园植栽设计原则

第一节
公园植物种植规范

城市公园的种植规划设计应考虑游憩场地的使用性质和游憩活动的特点。根据公园不同的组织结构类型，设置相应的绿化用地。根据《公园设计规范》CJJ 48—92的规定，公园的绿化用地应全部用绿色植物覆盖，建筑物的墙体、构筑物可布置垂直绿化。

一、植物种类选择的规定

（一）适应栽植地段立地条件的当地适生种类

植物种类选择应满足适应栽植地段立地条件的当地适生种类。当地适生种类是指包括公园所属地的乡土树种，以及经人工引进、已在本地长期"安家落户"、能适应本地区的气候条件、生长发育良好，并已得到广泛应用的树种。

（二）林下植物应具有耐阴性

林下植物应具有耐阴性，其根系发展不得影响乔木根系的生长。为了避免林下地被植物的根系生长与乔木的根系在同一土层内争夺养分，林下植物一般要选择耐阴性强的浅根草种、灌木。

（三）垂直绿化的攀缘植物依照墙体附着情况确定

由于垂直绿化用的植物，其附着器官的性状各不相同。因此，选择垂直绿化的攀缘植物，应适应既定墙体或构筑物饰面的种类。

（四）选择具有相应抗性的种类

公园游憩地周围如果有污染源，建立防护林时，应选择相适应的抗拒性种类。

（五）适应栽植地养护管理条件

对公园植物的管理，实质上也是植物生存的因素之一。根据公园地段的实际情况，选择相对应的易于管理的植物，比如水源不充足的地段，就应选择比较耐干旱的种类。

（六）改善栽植地条件后可以正常生长的、具有特殊意义的种类

（七）公园中的乔木、灌木与各种建筑物、构筑物及各种地下管线的距离，应符合表5-1-1、表5-1-2的规定：

公园树木与地下管线最小水平距离（m）　　表5-1-1

名称	新植乔木	现状乔木	灌木或绿篱外缘
电力电缆	1.50	3.50	0.50
通讯电缆	1.50	3.50	0.50
给水管	1.50	2.00	—
排水管	1.50	3.00	—
排水盲沟	1.00	3.00	—
消防笼头	1.20	2.00	1.20
煤气管道（低中压）	1.20	3.00	1.00
热力管	2.00	5.00	2.00

注：乔木与地下管线的距离是指乔木树干基部的外缘与管线外缘的净距离。灌木或绿篱与地下管线的距离是指地表处分蘖枝干中最外的枝干基部的外缘与管线外缘的净距离。

公园树木与地面建筑物、构筑物外缘最小水平距离（m）　　表5-1-2

名称	新植乔木	现状乔木	灌木或绿篱外缘
测量水准点	2.00	2.00	1.00
地上杆柱	2.00	2.00	—
挡土墙	1.00	3.00	0.50
楼房	5.00	5.00	1.50
平房	2.00	5.00	—
围墙（高度小于2m）	1.00	2.00	0.75
排水明沟	1.00	1.00	0.50

注：乔木与地下管线的距离是指乔木树干基部的外缘与管线外缘的净距离。灌木或绿篱与地下管线的距离是指地表处分蘖枝干中最外的枝干基部的外缘与管线外缘的净距。

二、绿化种植的景观控制要求

公园的植物景观控制，主要包括郁闭度、观赏特征和视距三个方面的要求：

（一）郁闭度控制要求

郁闭度是指树木中乔木树冠彼此相接、遮蔽地面的程度。用10分表示，将完全覆盖地面的程度设置为1，则郁闭度依次为0.9、0.8、0.7等。在种植规划中，通过背景密林、疏林灌木、荫木草地、树荫广场等种植方法来表示某一部分的郁闭度。各种植方式依次对应的郁闭度如表5-1-3所示：

<table>
<tr><td></td><td></td><td></td><td align="center">郁闭度</td><td></td><td>表5-1-3</td></tr>
</table>

种植方法	背景密林	疏林灌木	荫木草地	草地	树荫广场
郁闭度（P）	$P>0.8$	$0.8>P>0.6$	$0.8>P>0.4$	$P>0.2$	$0.8>P>0.6$

（二）观赏特征控制要求

1. 孤植树、树丛：选择观赏特征突出的树种，并确定其规格、分枝点高度、姿态等要求，与周围环境或树木之间应留有明显的空间；提出有特殊要求的养护管理方法。

2. 树群：群内各层应能显露出其特征部分。

（三）视距控制要求

1. 孤立树、树丛和树群至少应有一个观赏点，视距为观赏面宽的1.5倍，为高度的2倍。

2. 成片树林的观赏林缘线视距为林高的2倍以上。

3. 单行整形绿篱的地上生长空间尺度应符合表5-1-4的规定。

<table>
<tr><td align="center">各类单行绿篱空间尺度（m）</td><td>表5-1-4</td></tr>
</table>

类型	地上空间高度	地上空间宽度
树篱	>1.60	>1.50
高绿篱	1.20~1.60	1.20~2.00
中绿篱	0.50~1.20	0.80~1.50
矮绿篱	0.50	0.30~0.50

4. 植物种植相关间距控制规定应符合表5-1-5的规定。

<table>
<tr><td align="center">绿化植物栽植间距（m）</td><td>表5-1-5</td></tr>
</table>

名称	不宜小于（中~中）	不宜大于（中~中）
一行行道树	4.00	6.00
两行行道树（棋盘式栽植）	3.00	5.00
乔木群栽	2.00	—
乔木与灌木	0.50	—
灌木群栽（大灌木） （中灌木） （小灌木）	1.00 0.75 0.30	3.00 0.50 0.80

三、游人集中场地和动、植物展区植物种植规定

（一）游人集中场所种植规定

1. 在游人活动范围内宜选用大规格苗木；严禁选用危及游人生命安全的有毒植物；不应选用在游人正常活动范围内枝叶有硬刺或树叶形状呈尖硬剑、刺状以及有浆果或分泌物坠地的种类。不宜选用挥发物或花粉能引起明显过敏反应的种类。集散场地种植设计的布置方式，应考虑交通安全视距和人流通行，场地内的树木枝下净空应大于2.2m。

2. 儿童游戏场的植物选用应符合下列规定：

第一，乔木宜选用高大荫浓的种类，夏季庇荫面积应大于游戏活动范围的50%；

第二，活动范围内灌木宜选用萌发力强、直立生长的中高型种类，树木枝下净空应大于1.8m。

3. 停车场的种植应符合下列规定：

第一，树木间距应满足车位、通道、转弯、回车半径的要求；

第二，庇荫乔木枝下净空的标准：大型、中型汽车停车场，大于4.0m；小型汽车停车场，大于2.5m；自行车停车场，大于2.2m。

第三，场内种植池宽度应大于1.5m，并应设置保护设施。

4. 成人活动场的种植应符合下列规定：

第一，宜选用高大乔木，枝下净空不低于2.2m；

第二，夏季乔木庇荫面积宜大于活动范围的50%；

第三，露天演出场所观众席范围内不应布置阻碍视线的植物，观众席铺栽草坪应选用耐践踏的种类。

5. 公园园路两侧的种植应符合下列规定：

第一，通行机动车辆的园路，车辆通行范围内不得有低于4.0m高度的枝条；

第二，方便残疾人使用的园路边缘种植应注意：不宜选用硬质叶片的丛生型植物；路面范围内，乔、灌木枝下净空不得低于2.2m；乔木种植点距路缘应大于0.5m。

（二）动物展览区种植规定

1. 动物展览区的种植设计应符合下列规定：

第一，有利于创造动物的良好生活环境；

第二，不应造成动物逃逸；

第三，创造有特色的植物景观和游人参观休憩的良好环境；

第四，有利于卫生防护隔离。

2. 动物展览区的植物种类应符合下列规定：

第一，有利于模拟动物原产区的自然景观；

第二，动物运动范围内应种植对动物无毒、无刺、萌发力强、病虫害少的中慢长种类；

第三，在笼舍、动物运动场内种植植物，应同时提出保护植物的措施。

（三）植物园展览区种植规定

植物园展览区的种植设计应将各类植物展区的主题内容和植物引种驯化成果、科普教育、园林艺术相结合。

1. 展览区展示植物的种类选择应符合下列规定：对科普、科研具有重要价值；在城市绿化、美化功能等方面有特殊意义。

2. 展览区配合植物的种类选择应符合下列规定：

第一，能为展示种类提供局部良好的生态环境；

第二，能衬托展示种类的观赏特征或弥补其不足；

第三，具有满足游览需要的其他功能。

3. 展览区引入植物的种类，应是本园繁殖成功或在原始材料圃内生长时间较长、基本适应本地区环境条件者。

第二节
公园植物群落景观设计策略与原则

公园植物景观设计策略不仅受制于公园本身的内部用地条件、外部城市空间环境和地域性气候条件还要受公园规划性质和建设目标的制约，因此单纯的生态、景观或文化意义上的植物景观设计是难以保证可行性的，公园植物景观设计应是多目标的复合。

随着城市化进程的加速，城市公园作为城市居民休闲、娱乐的重要场所，其在城市生活中的地位日益凸显。城市公园的植物群落景观设计不仅仅是对自然环境的改造，更是对人类生活品质的提升。因此，在城市公园植物群落景观设计中，如何体现出独特的景观特色、生态功能和人文价值，成为现代城市公园建设的重要课题。书将从策略和原则两个方面，对城市公园植物群落景观设计进行探讨。

一、整体性设计策略

公园植栽设计的整体性要求体现在宏观和微观两个层面。宏观方面在于公园绿地是城市森林、生态系统的有机组成部分，城市公园绿地不是一个孤立的、封闭的系统，而是一个开放的系统。它的物质、能量、信息的循环和流动，通过城市层级结构最终纳入区域生态系统的整体之中。微观方面在于公园所处的位置和周边的城市空间关系。公园植物景观存在俯视、平视、仰视等多种景观视角和立体形态。从整体层面看待城市公园景观设计，使公园植物设计超越了传统公园植物配置造景的界面与层次。

二、多样性设计策略

城市公园植栽设计的多样性要求体现在植物景观的多样性、文化的多样性、功能的多样性三个方面。城市公园植栽设计首先关注公园基址生态环境和场地条件的多样性，客观上要求不同植物景观群落，去应对并设计相应的植物群落。景观一个城市公园总是在特定的社会历史、经济条件下建立的应对城市不同人群的审美需求，传承历史文化是当代公园的重要任务。以中国传统植物的寓意性、外来的植物景观设计形式，来体现公园总体规划主题的多样性，满足城市居民的休闲需求。植物景观功能的复合也是山地公园植物景观设计的重要特点。

（一）生态优先策略

城市公园是城市生态系统的重要组成部分，其植物群落景观设计应以生态优先为原则，保护和改善生态环境。具体体现在以下几个方面：一是优先选择本地优良品种，增强植物群落的适应性和稳定性；

二是合理配置植物种类和数量，形成多层次、多样化的植物群落结构，提高生态系统的复杂性和稳定性；三是注重生态廊道的建设，促进生物多样性的保护和提升。

（二）文化内涵策略

城市公园植物群落景观设计应充分挖掘和传承当地文化特色，将植物景观与文化元素相结合，形成富有地域特色的景观风格。具体体现在以下几个方面：一是根据当地历史文化背景，选择具有代表性的植物品种；二是利用植物景观表现当地民俗、传统节庆等文化内涵；三是通过植物景观展现城市公园的历史沿革、人文故事等。

（三）人性化设计策略

城市公园植物群落景观设计应以人为本，注重满足游客的观赏、休闲、娱乐等需求。具体体现在以下几个方面：一是合理设置观赏点、休息区、游憩设施等，为游客提供舒适的游览环境；二是注重植物景观的季节性变化，使游客在不同季节都能欣赏到美丽的景色；三是充分考虑游客的年龄、性别、兴趣等特点，设计富有趣味性和互动性的植物景观。

三、过程性设计策略

城市公园植栽设计是在公园总体规划设计的框架下进行的植物种类的选择、组合、群落的构建，为所设计的植物提供了一个生长、发育的舞台。设计的植物群落的演替发展以及和人之间的互动，是一个长期的过程。人们通过不同的园艺技术和手段对植物景观群落的干预，向着设计效果目标发展，这是一个逐渐进化完善的过程。所以，城市公园植物景观从建设完工到完全展示，其景观效果和功能也需要一个较长的过程，在设计城市公园植物景观应该尊重这一过程。

四、景观艺术与植物生态性相结合的设计策略

公园是由政府或公共团体建设经营供公众游憩、观赏、娱乐等的景观。景观艺术强调统一与变化、音律与节奏、对比等艺术规律。而植物是有生命的，植物的生长发育、植物景观群落的形成，需要一定的土壤、气候环境条件，有着自身的发展规律和系统性。因此，城市公园植栽设计应建立在植物群落生态特性的基础上，并遵循景观设计的艺术规律，才能将植物的景观之美逐渐展示出来。

第三节
公园植物群落构建原则

一、以乡土植物为建群种的构建原则

城市森林建设中，乡土树种是主要的材料，趋近当地森林群落是主要的结构。乡土树种经历过长时间自然的优胜劣汰才得以生存下来，更适应当地环境和气候条件，且在涵养水分、保持水土、绿化观赏等环境保护和美化中具有突出的作用，同时也是一个城市植物风貌的特色。以乡土树种建群，模拟自然演替顶级植物群落，有利于减少群落生长时间和养护成本，更快、更好地建立起植物群落景观。

二、公园整体植物多样性原则

城市公园内地形类型多样，需要多种类型的植物群落相适应，从而丰富公园植物多样性。公园植物的栽植种类和形式常由人的意愿所决定，在植物群落构建过程中的人为干扰常常起到主导作用。在植物群落生长过程中，自然之力和人工之力共同作用，植物种类也在这个过程中优胜劣汰，最终达到自然界的平衡状态。设计时注重生态性、美观性、功能性、社会性和文化性原则，增加植物群落物种多样性，有利于群落稳定，也能够打破重复的群落模式，造就多样的植物景观效果。

（一）生态性原则

生态性原则是城市公园植物群落景观设计的基本原则，要求设计过程中充分考虑生态因素，实现生态、景观、人文的和谐统一。具体体现在以下几个方面：一是保护和恢复生态系统的完整性和连续性；二是优化植物群落结构，提高生态系统的自净能力和抗干扰能力；三是注重节约资源，实现可持续发展。因此，在设计城市公园植物群落景观时，应该注重植物的选择和植物群落的组合，以达到生态环境的保护和恢复的目的。

（二）美观性原则

美观性是城市公园植物群落景观设计的核心原则，要求设计过程中注重景观的审美价值，创造美丽、和谐、宜人的景观环境。具体体现在以下几个方面：一是遵循自然美学原则，尊重自然规律，创造具有自然美感的植物景观；二是注重形式美学原则，通过植物景观的造型、色彩、质感等表现手法，营造出优美的视觉效果；三是充分利用空间美学原则，创造出富有层次感和立体感的植物景观空间。在设计城市公园植物群落景观时，应该注重景观美学的体现，从色彩、形态、纹理等方面进行设计，以达到美化城市环境的目的。

（三）功能性原则

功能性原则是城市公园植物群落景观设计的实用原则，要求设计过程中充分考虑植物景观的功能价值，满足人们的生活、休闲、娱乐等需求。在设计中，应该注重公园内功能的多样性和实用性，满足不同人群的需求和利益。具体而言，可以采用不同类型、不同季节、不同颜色和不同高度的植物进行配置和布局，创造出适宜散步、休闲、健身、娱乐等活动的空间环境。具体体现在以下几个方面：一是注重植物景观的生态功能，如提高空气质量、调节气候、保持水土等；二是注重植物景观的经济功能，如提高城市形象、促进旅游业发展等。城市公园作为城市绿地的重要组成部分，其功能性的发挥对于城市居民的生活和健康具有重要意义。

（四）社会性原则

城市公园植物群落景观设计策略需要注重社会功能。城市公园不仅仅是一个休闲娱乐场所，它还承担着社会功能的重要角色。在植物的选择上，需要考虑到人们的需求和偏好，以及植物对人体健康的影响。通过合理的植物选择和布局，可以使城市公园成为一个具有良好社会功能的场所。

（五）文化性原则

文化性原则是城市公园植物群落景观设计的重要原则之一。在设计中，应该注重公园内文化价值和历史价值的体现，创造出具有地域特色和文化内涵的公园环境。具体而言，可以采用本地特色植物进行配置和布局，融入当地文化元素和历史遗迹，增加公园内的文化品位和人文气息。

三、因地制宜构建植物群落的原则

城市公园中景点布置、游览路线、建筑选址、植物栽植无一不与地形息息相关。变化丰富的地形既限制了公园景观规划，也造就了公园的景观特色。针对适宜建设和不适宜建设的地形，因地制宜地分类设计植物群落景观，对于公园的整体性具有良好的效果。

城市公园植物群落景观设计是一项复杂的系统工程，需要在策略和原则的指导下，充分考虑生态、美学、功能等多方面因素，实现植物景观与自然环境、人文背景、社会需求和文化内涵的和谐统一。通过生态优先、文化内涵、人性化设计等策略，以及生态、美学、功能性、社会性和文化性等原则，可以为城市公园植物群落景观设计提供有益的参考和借鉴，推动城市公园建设的可持续发展。总之，城市公园植物群落景观设计策略是多方面综合考虑的结果，需要充分考虑公园所处环境、自然条件、人文特色等因素，并结合实际情况进行合理配置和布局。只有这样才能创造出美丽、健康、舒适、实用、文化的城市公园环境。

第四节
公园植物景观设计模式的层次性与方法

随着城市化进程的不断推进，城市公园作为城市居民休闲、娱乐的主要场所，越来越受到人们的关注。城市公园植物群落景观设计是城市公园规划设计的重要组成部分，其层次性表现在植物群落结构、景观功能和生态效益等方面。本书将从以下几个方面对城市公园植物群落景观设计模式的层次性进行探讨。

一、植物群落景观设计模式的层次性

（一）植物群落结构层次性

城市公园植物群落结构层次性主要表现在植物种类、植物配置和植物景观形式等方面。植物种类丰富性是植物群落结构层次性的基础，通过选择不同的乔木、灌木、草本植物以及水生植物、攀岩植物等多样化的植物种类，使城市公园植物群落形成丰富的景观效果。植物配置层次性表现在植物种植方式、植物空间关系和植物组合方式等方面，通过合理的植物配置，可以使城市公园植物群落形成立体的空间结构。植物景观形式层次性主要体现在植物景观的形态、色彩和纹理等方面，通过植物的不同形态、色彩和纹理的搭配，可以使城市公园植物群落景观呈现出丰富的视觉效果。

（二）景观功能层次性

城市公园植物群落景观功能层次性主要表现在生态功能、景观功能和社会功能等方面。生态功能是城市公园植物群落景观的基础功能，包括空气净化、水源涵养、土壤保持、生物多样性保护等方面。景观功能主要体现在城市公园植物群落景观的美学价值，通过植物群落的空间结构、形态、色彩和纹理等方面的设计，使城市公园具有较高的观赏价值。社会功能主要体现在城市公园植物群落景观对人们的精神满足、休闲娱乐、教育启示等方面的作用，通过植物群落景观的设计，可以使城市公园成为人们亲近自然、放松身心的场所。

（三）生态效益层次性

城市公园植物群落景观设计模式的生态效益层次性主要表现在生物多样性、生态系统稳定性和生态服务功能等方面。生物多样性是衡量城市公园植物群落景观生态效益的重要指标，通过引入不同的植物种类，可以提高城市公园植物群落的生物多样性，为城市生态系统提供丰富的物种资源。生态系统稳定性主要体现在城市公园植物群落景观对抗自然灾害、病虫害和人为干扰的能力，通过合理的植物配置和管理，可以提高城市公园植物群落景观的生态系统稳定性。生态服务功能是城市公园植物群落景观为城市居民提供的生态环境改善、生态资源供给和生态文化传承等方面的功能，通过优化城市公园植物群落景观设计，可以提高城市公园的生态服务功能，为城市居民提供更好的生态环境和生活质量。

总之，城市公园植物群落景观设计模式的层次性表现在植物群落结构、景观功能和生态效益等方面，通过合理的植物配置、景观设计和生态效益优化，可以使城市公园植物群落景观呈现出丰富的层次性，满足城市居民的生态、景观和社会需求，为城市提供更好的生态环境和生活质量。

二、城市公园植物群落设计原则

城市公园作为城市中的重要绿地资源，对于提高城市的生态环境质量、改善市民的生活品质具有重要意义。植物群落设计是城市公园建设中的核心环节，关系到公园的生态功能、景观效果以及市民的使用体验。采用以下设计原则，以期为实现城市公园的可持续发展提供参考。

（一）生态优先原则

城市公园植物群落设计应着重考虑生态功能，优先选择具有较强抗逆性、耐旱性、耐涝性、耐病虫害等特点的本地植物种类，以提高公园的生态适应性和抵御自然灾害的能力。

（二）景观效果原则

城市公园植物群落设计应结合公园的地形、地貌、水系等自然条件，创造丰富多样的植物景观。合理搭配乔木、灌木、草本等不同层次的植物，以形成立体、多样化的绿地景观。

（三）人文关怀原则

城市公园植物群落设计应充分考虑市民的需求和文化习惯，选择具有观赏价值、文化内涵和民俗意义的植物种类。同时，充分利用植物的色彩、形态、香气等特点，为市民提供丰富的感官体验。

（四）可持续发展原则

城市公园植物群落设计应注重资源节约和生态保护，优先选择易于繁殖、生长迅速、生命周期长的植物种类。同时，充分利用公园内的有机废弃物进行堆肥处理，为植物提供养分，实现循环利用。

三、城市公园植物群落设计方法

城市公园是城市居民进行休闲、娱乐和锻炼的重要场所，而其中的植物群落设计则是城市公园建设中不可或缺的一部分。城市公园植物群落设计方法的目的是在城市公园中营造出适宜人们活动、观赏和休息的植物环境，同时也要保证植物的生长和发展。

一般来说，城市公园植物群落设计方法需要从以下几个方面进行考虑：

（一）生态系统模拟法

运用生态学原理，模拟自然植物群落的结构和功能，以实现公园植物群落的自然演替和稳定。需要对所在地的气候、土壤、水文等自然条件进行调查分析，了解当地的植物种类、生长习性和生态需求。通过对比分析不同地区、不同类型的自然植物群落，筛选出适宜的植物种类和配置方式，以期在公园内形成具有较高生态价值的植物群落。城市公园所处的地理位置、气候条件以及土壤质量等因素都会影响植物的生长和发展。因此，在进行植物群落设计时，需要根据城市公园的特点选择适宜的植物。比如，在南方地区适宜种植热带雨林植物，而在北方地区则适宜种植落叶乔木和针叶树。

（二）景观设计法

根据城市公园的总体规划，合理安排植物群落的空间布局，可以采用自然式、景观式、主题式等不同的布局方式，创造丰富多样的空间效果。同时，要注意植物群落与建筑、道路、水体等其他要素的协调统一。运用景观设计原理，结合公园的地形、地貌、水系等自然条件，创造丰富多样的植物景观。在设计城市公园植物群落时，要遵循生态、美学和功能性的原则。生态原则要求选择适应当地环境的植物，保持生物多样性，形成稳定的生态系统；美学原则要求植物群落具有观赏价值，满足人们的审美需求；功能性原则要求植物群落能够满足城市公园的各种功能需求，如休闲、运动、教育等。通过对植物的色彩、形态、香气等特点进行合理搭配，形成立体、多样化的绿地景观，满足市民的审美需求。季节变化对于城市公园中的植物布局也有着重要影响。在春季和夏季，可以选择一些花卉和绿化植物来增加色彩和美感；而在秋季和冬季，则可以选择一些落叶乔木和针叶树来增加景观效果。

（三）功能分区法

根据公园的功能需求，将植物群落划分为不同的功能区，如休闲区、运动区、观赏区、保育区等。在各功能区内选择适宜的植物种类和配置方式，以实现公园植物群落的多功能性。城市公园的功能包括休闲、娱乐、运动等多个方面。不同的功能要求也需要选择不同的植物。比如，在休闲区域可以选择树荫覆盖面积大、树冠密集的树种，以提供阴凉和舒适的环境；而在儿童游乐区可以选择花卉和灌木，以增加视觉效果和趣味性。

（四）种植结构优化法

通过调整植物种类、数量、密度、分布等方面的配置，优化公园植物群落的结构，提高其生态功能和景观效果。例如，采用混交式种植方式，增加植物群落的物种多样性；调整植物的种植密度，以减少病虫害的发生；合理设置植物的分布格局，以实现景观的层次感和立体感。根据调查分析的结果和设计原则，选择适合的植物种类。可以选择当地的乔木、灌木、草本植物等，形成多层次、多样化的植物群落。同时，还可以引入一些具有特色的外来植物，增加植物群落的观赏价值。

（五）植物配置模型法

通过构建植物配置模型，模拟公园植物群落的空间分布和演替过程。根据模型的输出结果，调整植物种类、数量、密度、分布等方面的配置，以实现公园植物群落的优化。不同的植物有着不同的生态特性，例如生长速度、高度、根系等方面都有所不同。在进行植物群落设计时，需要根据这些特性进行组合。比如，在种植树木时，可以选择高大树种与低矮树种相结合，以形成不同层次的景观效果。

城市公园植物群落设计是一个复杂的系统工程，需要综合运用生态学、景观设计、园林规划等多学科的理论和方法。通过遵循生态优先、景观效果、人文关怀和可持续发展等原则，采用生态系统模拟、景观设计、功能分区、种植结构优化和植物配置模型等方法，可以实现城市公园植物群落的优化设计，为提高城市的生态环境质量、改善市民的生活品质做出贡献。总之，城市公园植物群落设计方法需要综合考虑多个因素，以达到营造出适宜人们活动、观赏和休息的植物环境的目标。同时，也需要注重植物的生长和发展，以保证城市公园中的植物能够长期健康地生长。

通过景观池的设置，形成较好的
游乐流线。

设置多样的植物配置，
丰富场地氛围。

06

第六章

城市公园植物分类及应用

第一节
公园植物分类

一、乔木类

概念：乔木是指有明显主干的木本植物。通常来说树身高大，由根部发生独立的主干，树干和树冠有明显区分。有一个直立主干，且通常高达六米至数十米的木本植物称为乔木。依其高度而分为伟乔（31m以上）、大乔（21~30m）、中乔（11~20m）、小乔（6~10m）等四级。

用途：乔木树干和冠幅较大，比一般的苗木要高大，相比灌木来说，应用前景更为广泛，从荒山绿化到城市绿化，从家庭布景到园林景观配置，它都有很明显的用途，作为绿化环保树种，栽植效果都很不错。

区分：按照乔木的形态特征分为落叶乔木和常绿乔木。主要区别在于冬季是否落叶以及绿叶的时间。落叶乔木一般春天发芽，秋天落叶；常绿乔木的叶子四季常青。（表6-1-1）

（一）常绿乔木

植物的世界中有许多种类的乔木，其中常绿乔木是一类在全年保持绿叶的树木，常见的乔木包括松树、柏树、榕树等。与落叶乔木相比，常绿乔木的叶片不会在特定季节脱落，因此它们能够提供持久的绿色景观。常绿树木通常生长在气候温暖、湿润的地区。它们具有坚硬的树干和发达的根系，以适应不同的气候和土壤条件，通常树高超过6m。同时，相对于落叶乔木，常绿乔木具有更加稳定的生长特性和更长的生命周期。

乔木的分类　　　　　　　　　　　　　　表6-1-1

分类	落叶时间	特点	主要品种	分布地区	应用实践
常绿乔木	四季常青	绿叶期很长，冬季不落叶，绿叶期可达两三年或者更久	桂花树、雪松、白皮松、广玉兰、香樟、云杉等	适宜栽植于南北方地区，分布地域广泛	需考虑树形、品种、形态等因素
落叶乔木	可开花，春天发芽，秋天落叶	树冠大而广展，遮阴效果好，观赏性高，也具有绿化价值	榉树、朴树、法国梧桐、柳树、香椿等	分布地域广泛	需考虑叶色、树形、品种、形态等因素

常绿乔木的特点主要表现在以下几个方面。叶片形态多样：常绿乔木的叶片形态多样，有针叶、扁叶、圆叶等多种类型。这些不同类型的叶片形态适应了不同的生态环境，使得常绿乔木能够在各种环境下生存。生长速度缓慢：相对于落叶乔木，常绿乔木的生长速度较缓慢。这是因为常绿乔木需要保持绿叶，需要耗费更多的能量和养分。生命周期长：常绿乔木的生命周期通常比落叶乔木长。这是因为常绿

乔木能够在四季保持绿叶，进行光合作用，从而获得更多的养分和能量。适应性强：常绿乔木适应性强，能够在各种环境下生存。它们能够适应不同的气候、土壤和水分条件，从而保持林地的稳定性和生物的多样性。

常绿乔木在森林生态系统中扮演着重要的角色，不仅能够保持林地的稳定性和生物的多样性，还能够提供栖息地、食物和药材等资源，对于维护自然生态平衡和人类福祉都具有重要意义。常绿乔木种类繁多，适应性强，常被用于园林绿化、城市道路绿化等场所。下面介绍几种常见的常绿乔木：

1. 榕树

别名：榕树别名正榕、小叶榕、细叶榕

科名：桑科 *Moraceae*

学名：*Ficus microcarpa Linn.f.*（榕树）

原产地：榕树原产于印度、马来西亚、缅甸、中国、越南、菲律宾，小叶榕原产于中国台湾地区。

形态：榕树是常绿大乔木，小叶榕是常绿小乔木，树冠伞形或圆形。

高度×冠幅：榕树20m×15m，小叶榕6m×4m。

质感：中。

色泽：叶色深绿，果实绿转淡红褐色。

光照：阳性植物，喜强光。

生育适温：23~32℃。

生长特性：亚热带树种，生长中至快；耐热、耐湿、耐阴、耐风、抗污染、耐剪、易移栽、寿命长。

景观用途：树性强健，绿荫蔽天，维护成本低，常作为行道树、园景树、防风树、绿篱树，是我国景观利用最广泛的树种之一。常用于庭园、校园、公园、游乐区等，均可单植、列植、群植（图6-1-1）。

图6-1-1　榕树是理想的遮阴树

2. 垂叶榕（图6-1-2）

科名：桑科 *Moraceae*

学名：*Ficus benjamina L.*

原产地：中国、越南、印度。

形态：常绿乔木。树干直立，树冠锥形。

高度×冠幅：5~10m×2~5m。

质感：中。

色泽：叶色深绿，果实绿转黄绿色。

光照：阳性植物，喜强光。

生育适温：23～32℃

生长特性：生长中至快；耐热、耐旱、耐湿、耐阴、耐风、抗污染、耐剪、易移栽。

景观用途：树性强健，叶簇油绿，为高级遮阴树、行道树、园景树、绿篱树或修剪造型树种。常用于庭园、校园、公园、游乐区等，单植、列植、群植皆理想（图6-1-3、图6-1-4）。

图6-1-2　垂叶榕的叶子和果实

图6-1-3　垂叶榕枝叶浓密，为庭园高级绿荫树

图6-1-4　庭园草地群植，能产生更多的小空间，增加层次

3. 橡皮树（图6-1-5）

科名：桑科 *Moraceae*

学名：*Ficus elastica Roxb. ex Hornem*

原产地：栽培种。

形态：常绿乔木。干粗壮，能长气根，树冠圆形。

高度×冠幅：10～20m×5～10m。

质感：粗。

色泽：叶色因品种而异，有深绿、褐绿、乳黄斑纹、斑点、粉红色。

光照：中性植物，日照60%～100%为佳。

生育适温：22～32℃。

生长特性：热带树种，生长快。耐热、不耐寒、耐旱、耐风、耐阴、抗污染、耐剪、萌芽强、易移栽。

景观用途：强健粗放，枝叶厚实茂密，为低维护优良行道树、园景树、遮阴树。常用于庭园、校园、公园或广场、停车场等，均可单植、列植、群树（图6-1-6）。校园密植具有防火、隔声效果。

图6-1-5　橡皮树　　　　　　　　　图6-1-6　锦叶缅树类在庭园中独具个性美

4. 黄槐（图6-1-7）

别名：粉叶决明

科名：豆科 *Leguminosae sp.*

学名：*Cassia surattensis*

原产地：印度、斯里兰卡、马来群岛、大洋洲。

形态：常绿小乔木。干细直，易分歧，树冠圆形。

主要花期：4~12月（全年均能开花）。

高度×冠幅：3~5m×2~3m。

质感：中至细。

色泽：叶黄绿色，开花金黄色。

图6-1-7　开花时的黄槐

光照：阳性植物，喜强光。

生育适温：22~30℃。

生长特性：生长快。耐热、耐旱、耐阴、萌芽强、耐剪、抗污染、易移栽。

景观用途：树形飒爽洁净，花期持久，适作行道树、园景树。常用于庭园、校园、公园、风景区、停车场等，均可单植、列植、群植美化（图6-1-8）。尤其适于耕地防风栽植。

图6-1-8　黄槐在公园池边列植，四季常绿，枝叶飒爽青翠

5. 银桦（图6-1-9）

科名：山龙眼科 *Proteaceae*

学名：*Grevillea robusta A. Cunn. ex R. Br.*

原产地：大洋洲。

形态：常绿大乔木。主干粗壮直立，树冠椭圆形。

主要花期：4～6月。

高度×冠幅：15～25m×5～8m。

质感：中至粗。

色泽：叶面绿色，叶背银白色，花色橙黄色。

光照：阳性植物，喜强光。

生育适温：18～28℃。

图6-1-9　银桦树叶

生长特性：生长速度中等。较耐热、耐旱、耐湿、耐瘠、抗污染，成树移栽困难。

景观用途：树形高壮挺拔，叶簇飒爽怡人，属高级园景树、行道树、绿荫树（图6-1-10）。常用于各式庭园、校园、公园、风景区、停车场等，皆可单植、列植、群植利用。

图6-1-10　高耸的树冠，令人仰首瞩目

6. 樟树

别名：本樟

科名：樟科 *Lauraceae*

学名：*Cinnamomum camphora (L.) Presl*

原产地：中国、日本、越南、朝鲜。

形态：常绿乔木。干直立，树冠波状圆形。

高度×冠幅：15~25m×8~12m。

质感：中至粗，素雅。

色泽：叶色黄绿，开花黄色，果实由绿转紫黑。

光照：阳性植物，喜强光。

生育适温：18~30℃。

生长特性：生长速度中等。耐热、不很耐寒、不耐旱、耐湿、耐半阴、抗风、抗污染、大树移栽较难、寿命长。

景观用途：树冠苍翠，枝干具香味，属高级行道树、园景树、遮阴树。常用于庭园、校园、公园、风景区、停车场、庙宇等，具防噪声、吸灰尘的功能，果实可诱鸟（图6-1-11）。

图6-1-11　樟树树冠苍翠、耐旱、抗污染、防噪声、吸灰尘，是高级行道树

7．白玉兰（图6-1-12）

别名：白兰花、黄桷兰

科名：木兰科 *Magnoliaceae*

学名：*Magnolia denudata*

原产地：印尼爪哇。

形态：常绿乔木，主干直立，树冠锥形。

主要花期：4~8月（全年均能开花）。

高度×冠幅：5~12m×2~5m。

质感：粗。

色泽：叶色翠绿，开花乳白色，清香扑鼻。

光照：阳性植物，喜强光。

图6-1-12　白玉兰

图6-1-13 白玉兰四季常绿，开花清香迷人

生育适温：23~30℃。

生长特性：生长快。耐热、不耐寒、不耐阴、耐旱、耐剪、忌积水、大树移栽困难、寿命长。

景观用途：树冠青翠，开花清香诱人，属高级园景树、行道树。常用于庭园、校园、公园、风景区、庙宇、停车场等，均可单植、列植、群植美化（图6-1-13）。

8. 尖叶杜英（图6-1-14）

别名：长芒杜英

科属名：杜英科 *Elaeocarpaceae Juss.*

学名：*Elaeocarpus apiculatus Masters*

原产地：中国、越南，我国长江以南各省区中低海拔山区，广东常见栽培。

形态特征：常绿乔木，高10~30m。小枝粗大，有灰褐色柔毛。核果球状椭圆形，长约3cm。

花期：4~5月，果期：秋后。

识别要点：常绿乔木。叶互生，革质，阔倒披针形。

生长特性：喜湿润气候，喜光且耐半阴，在疏松肥沃和排水良好的壤土中生长旺盛。抗风力强，生长迅速。

图6-1-14 杜英树叶、花

主要品种：无。

繁殖要点：播种繁殖，宜采回成熟果实。

栽培养护：移栽要带土球，大苗移栽要进行重剪，减少蒸腾量。适合种在开阔而土层深厚的地方，几乎可以不用施肥。

景观特征：树干耸直，树冠构成圆锥状塔形。开花时节，白色的花朵散发幽香，颇具美感。

园林应用：树大苍劲，耐寒，耐阴，宜作行道树等风景栽植或成片造林。枝叶茂密，为庭院中常绿树种。若列植成绿墙，有隐蔽遮挡作用，也有隔声、防噪的功能（图6-1-15）。

图6-1-15 杜英开花时的盛景

（二）落叶乔木

落叶乔木是指在特定季节或环境条件下，树木会脱落叶子的一类乔木。它们的特征包括：叶子形态多样，有掌状复叶、羽状复叶、单叶等；树干粗壮，高大挺拔；树冠形态多样，有圆锥形、圆形、扁球形等。与常绿乔木相比，落叶乔木具有一些独有的特征。首先，落叶乔木的叶子在特定季节（通常是秋季）会逐渐变成黄色、褐色或红色，并最终脱落。这种脱落叶子的现象使得落叶乔木在不同季节呈现出不同的景观，给人以季节变化的感受。其次，落叶乔木的叶子往往较薄，表面积较大，这有助于树木在生长季节吸收更多的阳光和二氧化碳，并进行光合作用。最后，落叶乔木的叶子脱落后，树木会进入休眠期，以节省能量并适应寒冷的冬季环境。常见的落叶乔木有枫树、橡树、榆树等。总的来说，落叶乔木以其季节性的变化和适应性的特征，为我们提供了丰富多样的自然景观。下面介绍几种常见的落叶乔木：

1. 栾树（图6-1-16）

别名：灯笼树、摇钱树

科属名：无患子科栾树属 *Sapindaceae Juss.*

学名：*Koelreuteria paniculata*

适应地区：分布于中国西南部和中南部。

形态特征：落叶乔木，高10～20m。树皮灰褐色，细纵裂。树冠伞形。

图6-1-16 栾树树叶

花期：8～9月，果期：10～11月。

识别要点：落叶乔木。二回羽状复叶；花黄色；蒴果秋天变红色，似灯笼。

生物特性：阳性树种，喜光，耐寒，适应性强。不择土壤，耐干旱，在土层疏松处生长迅速。深根性，有较强的抗烟尘能力，抗大气污染。

繁殖要点：以播种为主。秋季果熟时采收，及时晾晒去壳净种。

栽培养护：一年生苗木可高达2m。生长期经常松土、锄草、浇水、追肥，至秋季可养成通直的树干。

图6-1-17　栾树随着季节变化着品相

景观特征：春季嫩叶多呈红色，夏叶羽状浓绿色，秋叶鲜黄色。

园林应用：有较强的抗烟尘能力，是城市绿化理想的观赏树种（图6-1-17）。

2. 绯寒樱（图6-1-18）

别名：山樱花、福建山樱花

科名：蔷薇科 *Rosaceae*

学名：*Cerasus campanulata (Maxim.) A.N. Vassiljeva*

原产地：中国南部地区、日本。

形态：落叶乔木。干直立，树冠圆伞形。

主要花期：1～3月。

高度×冠幅：8～15m×4～8m。

质感：中至细。

图6-1-18　绯寒樱

色泽：叶绿色，冬季落叶。花型有单瓣、重瓣。

光照：阳性植物，喜强光。

生育适温：15～28℃。

生长特性：生长速度中至慢。耐热、不太耐寒、耐旱、耐瘠、稍耐阴、不须修剪、易移栽。

景观用途：树形优美，满树繁花，是高级的行道树、园景树。适用于庭园、校园、公园、风景区、停车场等，均可单植、列植、群植美化，果实能诱鸟（图6-1-19）。

图6-1-19　满树繁花，高雅脱俗，令人心旷神怡

3. 枫香树

别名：香枫、枫树

科名：金缕梅科 *Hamamelidaceae R. Br.*

学名：*Liquidambar formosana Hance*

原产地：中国、日本。

形态：落叶大乔木。树干直立，树冠锥形。

高度×冠幅：10~25m×6~10m。

质感：中，轻盈。

色泽：叶色黄绿，冬季落叶前由绿转黄至红，春季新叶呈淡红，为著名的红叶植物。

光照：阳性植物，喜强光。

生育适温：18~28℃。

生长特性：生长快。耐热、耐寒、耐旱、耐瘠、耐风、抗污染、寿命长。

景观用途：风姿高雅，叶形叶色变化饶富诗意，为高级的行道树、园景树、遮阴树。适用于各式庭园、校园、公园、风景区、停车场等，均适于单植、列植或群植（图6-1-20）。

▲早春殷红可爱　　　▲夏季翠绿宜人　　　▲秋季黄红片片　　　▲冬季落叶果熟

图6-1-20　枫树四季的变化

4. 鸡爪槭

别名：青枫、青槭

科名：槭树科 *Aceraceae Juss.*

学名：*Acer palmatum Thunb.*

原产地：中国台湾地区。

形态：落叶乔木。树干直立，树冠伞状圆锥形。

高度×冠幅：10~20m×5~10m。

质感：中，轻盈。

色泽：叶色黄绿至深绿，冬季落叶前转黄、橙至艳红，为世界著名的红叶植物。

光照：阳性植物，喜强光。

生育适温：12~28℃。

生长特性：生长速度中等。耐热、耐旱、幼树耐阴、抗污染、寿命长。

图6-1-21　鸡爪槭随季节变化的叶片色彩变化

景观用途：树姿轻盈柔美。常用于庭园、校园、公园、风景区等，单植、列植、群植等均美观（图6-1-21）。

5. 紫薇（图6-1-22）

科名：千屈菜科 *Lythraceae*

学名：*Lagerstroemia indica L.*

原产地：中国长江流域。

形态：落叶灌木或小乔木。树干易分歧，树冠圆形。

主要花期：5～8月。

高度×冠幅：2～6m×1～4m。

质感：中至细。

色泽：叶深绿色，冬季落叶。花有粉红、桃红、紫红、白等颜色。

图6-1-22　紫薇花、果

光照：阳性植物，喜强光。

生育适温：23～30℃。

生长特性：生长快速。耐热、较耐寒、耐旱、耐瘠、耐风、稍耐阴、耐酸、耐碱、抗污染、易移栽。

景观用途：万紫千红，为优良的园景树、行道树。常用于庭园、校园、公园、游乐区等，皆可单植、列植、群植美化（图6-1-23）。

图6-1-23　城市道路绿地群植，柔美的花姿令人心旷神怡

6. 榉树（图6-1-24）

别名：鸡油

科名：榆科 *Ulmaceae Mirb.*

学名：*Zelkova serrata (Thunb.) Makino*

原产地：中国、日本、朝鲜。

形态：落叶乔木。树干直立，树冠圆伞形。

高度×冠幅：12m×3m。

质感：中至细。

图6-1-24　榉树树叶

色泽：叶色深绿，春季新生叶暗红色。冬季落叶。开花淡黄绿色。

光照：阳性植物，喜强光。

生育适温：15～28℃。

生长特性：榉树生长快速。耐热、耐湿、耐瘠、耐风、萌芽强、抗污染、幼树易移栽。

景观用途：树形自然优美，是优良的行道树、园景树、遮阴树、防风树。常用于各式庭园、公园、校园、停车场、风景区等，均可单植、列植、群植美化（图6-1-25）。

图6-1-25　榉树作为景观树，耐风、耐旱又美观

7. 蓝花楹（图6-1-26）

科名：紫葳科 *Bignoniaceae*

学名：*Jacaranda acutifolia*

原产地：巴西。

形态：落叶乔木。树干直立，树冠圆形。

主要花期：4～6月。

高度×冠幅：7～12m×4～6m。

质感：轻细。

图6-1-26　蓝花楹叶、花

色泽：叶色黄绿至深绿，冬季落叶。开花紫蓝色。

光照：阳性植物，喜强光。

生育适温：22～30℃。

图6-1-27　蓝花楹作为行道树，开花时节景观壮观

生长特性：生长速度中等。耐热、耐旱、耐瘠、耐剪、不耐阴、忌积水、成树移栽稍难。

景观用途：树形似凤凰木，叶簇轻盈。适作园景树、行道树。常用于庭园、校园、公园、风景区等，均可单植、列植、群植美化（图6-1-27）。

8. 乌桕（图6-1-28）

别名：琼仔

科名：大戟科 *Euphorbiaceae*

学名：*Sapium sebiferum (L.) Roxb.*

原产地：中国、日本、印度。

形态：落叶中乔木。树干易分枝，树冠锥形或圆形。

高度×冠幅：18~15m×2~5m。

质感：中至细。

色泽：叶黄绿至深绿，秋季、冬季落叶前转鲜红色或暗红色。果实由绿色转黑色。

图6-1-28　乌桕叶、果

光照：阳性植物，喜强光。

生育适温：22~30℃。

生长特性：生长快速。耐热、稍耐寒、耐旱、耐湿、耐瘠、耐碱、不耐阴、抗污染、易移栽。

景观用途：树性强健，适作行道树、园景树。常用于各式庭园、校园、公园、风景区等，均可单植、列植、群植利用（图6-1-29）。

图6-1-29　乌桕树冠整齐，叶形秀丽，秋叶经霜时如火如荼，十分美观

图6-1-30　银杏叶

图6-1-31　银杏树形优美，春夏季叶色嫩绿，秋季变成黄色，颇为美观

9. 银杏（图6-1-30）

别名：公孙树、鸭脚树

科名：银杏科 *Ginkgoaceae*

学名：*Ginko biloba L.*

适应地区：在我国分布范围广，重点分布地区有江苏、山东，浙江、河南、湖北、广西、贵州、甘肃等。

形态特征：落叶乔木，高达40m。树皮淡灰色。

花期：3月下旬，果期：9~10月。

识别要点：落叶乔木。叶片扇形。种子核果状，具长柄，下垂；外种皮肉质，成熟时橙黄色。

生物特性：适应性强，对土壤的要求不严，抗旱力较强、寿命长。对烟尘有较强的吸附能力，且根系发达。一般生长缓慢。

主要品种：塔形银杏、垂枝银杏、大叶银杏仁、斑叶银杏、黄叶银杏。

繁殖要点：种子繁殖和扦插繁殖。

栽培养护：银杏绝少病虫害，不污染环境，是著名的无公害树种。宜在9~11月栽植。

景观特征：良好的观赏价值，夏天一片葱绿，秋天金黄可掬，给人华贵典雅之感。

园林应用：银杏是一种集食用、药用、材用、绿化和观赏为一体的多功用树种。因此，古今中外均把银杏作为庭院、行道、园林绿化的重要树种（图6-1-31）。银杏冠大阴浓，具有降温作用，直射阳光下且气温高达40℃时，银杏树下的气温仅为35℃，降温5℃，优于其他树种。

（三）竹类植物在景观上的应用

竹子是一种常见的植物，属于禾本科植物，通常是高大的、直立的、多节的、有分枝的草本植物。竹子包括坚硬的茎、细长的叶子和分枝的根系。竹子的茎干呈现出空心的形态，其茎干的壁厚度非常薄，叶子呈现线形或卵形，而且其叶面上有许多细小毛发。竹子在园林中的应用场景非常广泛。首先，竹类可以用来作为园林的绿化植物。竹子茂密的枝叶可以为园林增添一份生机和活力，而且竹子的茎干呈现出的线条美感也可以为园林增添一份雅致和风情。其次，竹子还可以用作园林的隔离屏障，竹类茂密的枝叶不仅可以起到遮挡作用，其茎干的高度也可以起到隔离的作用。此外，竹子还可以用作园林的景观装饰。竹子可以通过剪裁和造型形成各种各样的形状，从而为园林增添一份美感和艺术气息。但在使用竹类的时候也需要注意一些问题。首先，竹子需要充足的阳光和水分进行生长，因此在选择种植地时需要注意这些因素。其次，竹子的茎干需要定期修剪和护理，以保证其在园林中的美观和整洁。最后，竹子的种植需要注意其与周围环境的协调性，以避免其在园林中显得突兀和不协调。

竹子在我国的环境表现上常象征高风亮节。竹子常以人工的方式栽种在庭园中作造景观赏用，并形成特殊的东方风格。因为竹叶有软纸质的质感、常年绿意盎然的生态特征，故常作为点景的优良庭园材料，衬托效果特佳。

1. 竹类植物的造园特性大致可分为下列五点：

第一，形态优美，有极高的观赏价值。

第二，生性强健，不畏空气污染及酸雨。

第三，绿化期长，终年生长。

第四，繁殖容易，低维护管理即可。

第五，不同种类高矮、叶形、姿态、色泽各异，用作景致搭配效果理想。

2. 选用竹类植物作庭园或绿地空间的植物材料时，常用的造景手法如下（图6-1-32、图6-1-33）：

第一，空间的统一者。以大面积竹林如孟宗竹等面植或线植、带状的列植，可使公共开放空间中呈现和谐统一的效果。如公园绿地、人行步道的街景，不仅有掩饰作用还有统一的效果。

第二，空间的强调者。部分竹类植物其茎秆或色彩特别引人注目，如佛肚竹、金丝竹，以此类作为

（a）竹类作为空间的统一者　　（b）商店门口摆置盆栽竹类，用于吸引人们注意　　（c）竹类作为建筑的柔化者

图6-1-32　竹类植物的应用

（a）孟宗竹美化道路景观迷人　　　　（b）竹类作为空间的分隔者　　　　（c）古典庭园中，常配置竹类作为框景的效果

图6-1-33　竹类植物的框景效果

室外空间的视觉焦点。常可引起人们的注意成为景观的中心点,可栽植于入口与招牌附近,吸引人们前来欣赏与关注。

第三,生硬线条的柔化者。选择较低矮的竹类植物。如观音竹、凤凰竹等,在屋基、墙角种植,以其独特的形态与质地柔化建筑物的生硬线条,使空间显得和谐统一。

第四,景物的指引者。应用丛生型的竹类植物,如绿竹等,在空间中衬托或指引出景物,通过竹子整齐的株形和统一的形态突出核心景观,具有引导作用。

第五,空间的协调者。以竹类植物作为绿篱,可以采用修剪过的植物造型,与建筑物的外观相呼应,从而使周围环境更加协调。

第六,空间的分隔者。可依照基地的实际需要。选用竹类植物形成各种高度不等的绿篱,包括不加修剪的生篱,如长枝竹、矢竹,或经人工作剪的不同高度的矮篱,以划分大小不等的空间。

第七,框景的焦点。中国庭园配置中,常以竹类植物作为框景的焦点。如黑竹、唐竹,有时搭配松柏与石景作突出的配置,以此所形成自然的框景,是人们游园时格外钟情的框架焦点。

二、灌木类

(一)概念

灌木是植物的一种形态类型,通常指矮小的木本植物。与乔木相比,灌木的高度较低,一般在6m以下,茎粗度较小,分枝较多。灌木在自然界广泛分布,是植物界中数量较多的一类植物。一般可分为观花、观果、观枝干等几类,是矮小且丛生的木本植物。灌木是一种中等高度的木本植物,通常生长在地面,与乔木相比较矮小。灌木的茎木较为粗壮,分枝较多,形成了一个相对紧密的枝丛。灌木的根系发达,能够有效地吸收土壤中的养分和水分,具有较强的抗风能力。灌木的叶片多为常绿或半常绿,能够在寒冷的冬季保持一定的光合作用,具有较好的适应能力。

(二)灌木的特征

1. 生长形态

灌木的生长形态多样,有单干和多干之分。单干灌木通常具有一个主干,分枝较少;多干灌木则具有多个主干,分枝较多。此外,灌木的生长习性也有很大差异,有攀缘、匍匐、直立等不同类型。灌木一般为阔叶植物,也有一些针叶植物是灌木。如果越冬时地面部分枯死,但根部仍然存活,第二年继续萌生新枝。如一些蒿类植物,也是多年生木本植物,但冬季枯死。中国的灌木主要分布在浙江、江苏、安徽、河南等地。

2. 叶片形态

灌木的叶片形态多样,有单叶、复叶等不同类型。叶片的形状、大小、颜色等特征也有很大差异,为植物园观赏价值提供了丰富的素材。

3. 花果特征

灌木的花果特征丰富多样,有些灌木具有美丽的花朵,如杜鹃、蔷薇等;有些灌木则具有观赏价值的果实,如山楂、沙棘等。此外,灌木的花期和果期也有很大差异,为园林提供了丰富的景观层次。

（三）灌木的功能

1. 观赏功能

灌木具有丰富的形态、色彩和花果特征，是园林景观中的重要组成部分。通过合理搭配，可以创造出美丽的景观效果：首先，灌木可以作为景观点独立存在，通过其独特的形态和颜色为园林增添美感；其次，灌木可以用来修剪成各种形状，如球形、锥形、扇形等，以创造出不同的景观效果；最后，灌木还可以用来修建绿篱，形成自然的屏障，起到隔离和保护的作用。

2. 生态功能

灌木具有较强的适应性，能够在恶劣的生长环境中生存，灌木的根系能够有效地固定土壤，防止水土流失，对于保持土壤的稳定性有着重要作用。在自然中，灌木可作为优良的生态屏障，保护土壤、减少水土流失；在城市中，灌木可作为绿化带，净化空气、降低噪声。

3. 经济功能

部分灌木具有较高的经济价值，如山楂、沙棘等果实可食用，蔷薇、杜鹃等花朵可观赏，石楠等可提取药用成分。

（四）灌木与乔木、花卉的搭配方法

1. 灌木与乔木的搭配

灌木与乔木搭配时，应注意选择适宜的种植距离，避免过于密集或疏远。一般来说，灌木可以作为乔木的下层植物，增加立体感；也可以作为乔木的辅助植物，减轻乔木的单调感。

2. 灌木与花卉的搭配

灌木与花卉搭配时，应注意选择互补的色彩和形态，以达到美观的效果。例如，可选择色彩鲜艳的花卉与绿色调的灌木搭配，或选择高低错落的花卉与灌木搭配。此外，还可根据花期、果期等特点进行搭配，以实现四季美景。

总之，灌木作为植物界中丰富多样的植物，具有很高的观赏价值、生态价值和经济价值。在园林景观设计中，通过合理搭配灌木、乔木和花卉，可以创造出美丽、和谐的自然环境。

（五）灌木的种类

灌木种类繁多，按照生长习性可分为常绿灌木、落叶灌木；按照生长环境可分为水生灌木、山地灌木、草原灌木等；按生长习性可分为矮生灌木、蔓生灌木、攀援灌木等。矮生灌木一般高度在1m以下，具有较为紧凑的枝叶，常用于园林绿化中的地被植物。蔓生灌木具有较长的枝条，能够攀附在其他物体上生长，常用于墙体或栅栏的绿化。攀援灌木则具有较强的攀附能力，可以攀爬在树木或其他结构上，形成美观的绿色屏障。常见的灌木有玫瑰、杜鹃、牡丹、小檗、黄杨、沙地柏、铺地柏、连翘、迎春、月季、荆、茉莉、沙柳等。

1. 杜鹃花（观花类）

别名：映山红、山鹃、山石榴等

科名：杜鹃花科 *Ericaceae Juss.*

学名：*Rhododendron simsii Planch.*

适应地区：杜鹃原产于东亚，广泛分布于欧洲、亚洲、北美洲，主产于东亚和东南亚，形成本属的两个分布中心，2种分布至北极地区，1种产于大洋洲，非洲和南美洲不产。中国除新疆、宁夏地区外，各地均有分布，但集中产于西南、华中、华南地区，如江苏、安徽、浙江、江西、福建、台湾、湖北、湖南、广东、广西、四川、贵州和云南。

形态特征：常绿灌木。

识别要点：平户杜鹃类1~3m×1~2m，西洋杜鹃15~50cm×20~60cm，叶色灰绿，花色紫红或粉红、白或斑纹变化。

生物特性：中性植物，日照以50%~70%为佳。

主要品种：毛鹃、东鹃、夏鹃、西鹃。

生育适温：15~28C。

栽培养护：生长速度中至慢，耐寒、耐阴、耐旱、耐湿、易移栽。喜微酸性土壤。中国台湾北部植栽最佳，南部最差。

景观特征：四季常绿，花品高雅，适于花槽栽植、作绿篱、修剪整形造型。

园林应用：适用于庭园、校园或公园也可用于道路斜坡、绿地等绿化美化（图6-1-34），均可列植、丛植、群植。

2. 洋绣球（观花类）（图6-1-35）

别名：八仙花

科名：虎耳草科 *Saxifragaceae Juss.*

学名：*Hydrangea macrophylla* (*Thunb.*) *Seringe*

原产地：原产于中国山东、江苏、安徽、浙江、福建、河南、湖北、湖南、广东及其沿海岛屿、广西、四川、贵州、云南等省区。日本、朝鲜有分布。

形态特征：落叶小灌木。

高度×冠幅：0.5~1.5m×0.5~1.5m。

色泽：粗色泽、叶绿色。

生长特性：冬季会落叶，花色会受土壤化学成分影响而改变，有碧蓝、紫红、粉红、粉白等颜色变化。

主要品种：无尽夏、万华镜、魔幻红宝石等。

图6-1-34　杜鹃花美化实景

图6-1-35　绣球花

图6-1-36 洋绣球是中性植物，耐阴性强，是树荫底下美化的好材料

繁殖要点：可在一年四季进行繁殖。从母株上剪取一段长10~12cm且生长比较健壮的枝条，消毒后斜插进基质，大约15天就会生根，生长出几片叶后可以移栽入盆。选择健康饱满的种子，播种在基质中，大约2~5天可生长出小芽。

栽培养护：土壤疏松透气、排水良好，避开强烈的直射光，尤其是夏天，最少要遮阴60%~70%。

景观特征：花姿雍容华贵，人见人爱。

园林应用：适用于台湾高冷地带或中海拔山区各式庭园美化。平地可利用盆花布置花坛、花台（图6-1-36）。

3. 黄栀（观花类）

别名：栀子花、黄栀子、白蟾花，重瓣黄栀俗称玉堂春

科名：茜草科 Rubiaceae Juss.

学名：Gardenia jasminoides Ellis

原产地：中国长江流域以南各省区，日本。重瓣黄栀是栽培种。

形态特征：常绿灌木。

高度×冠幅：黄栀1~2m×1~2m，重瓣黄栀0.5~1m×0.5~1m。

识别要点：叶子在各茎节上有2片叶相对生长，倒卵状长圆形、倒卵形或椭圆形。

生物特性：喜温暖湿润气候，不耐寒冷。喜阳光，宜空气湿度高、半阴、通风良好的环境。萌芽力、萌蘖力均强，耐修剪。

生育适温：18~28℃。

主要品种：其变异主要可分为两个类型，一类通常称为"山栀子"，果卵形或近球形，较小；另一类通常称为"水栀子"，果椭圆形或长圆形，较大。

主要品种：重瓣与单瓣栀子。

繁殖要点：黄栀的繁殖方法为扦插繁殖。

栽培养护：一般栽培于温和地区海拔1000m以下的山区丘陵地带的疏林下或林缘空旷地，在向阳暖和的地方栽培，生长壮，多结实。成株较耐旱，但种子播后及幼苗期，必须有充足的水分，幼苗期宜稍荫蔽。土壤以排水良好，含腐殖质、疏松、肥沃，微酸性至中性的夹沙泥或黄泥土较好。凡寒冷多风和过于干旱地区及涝渍地均不宜种植。

景观特征：本种作盆景植物，称"水横枝"；花大而美丽、芳香。

园林应用：栀子花美而香，常供庭园观赏，广植于庭园供观赏（图6-1-37）。

4. 马缨丹（观花类）

别名：五色梅、臭草

科名：马鞭草科 *Verbenaceae J. St.-Hil.*

学名：*Lantana camara L.*

原产地：原产于美洲热带地区，现广泛分布于中国台湾、福建、广东、广西等地。

形态特征：常绿灌木。

图6-1-37　四季油绿，花香扑鼻

高度×冠幅：高性1~2m×0.5~1m，矮性20~50cm×20~60cm。

识别要点：植株有臭味，有时呈藤状；茎、枝均呈四方形，有糙毛，常有下弯的钩刺或无刺；单叶对生，叶片卵形至卵状长圆形；头状花序腋生，花序梗粗壮，长于叶柄，花冠黄色、橙色、粉红色至深红色，两面均有细短毛；果实圆球形，成熟时为紫黑色。

生物特性：全年能开花，但以4~10月最盛。

繁殖要点：播种、扦插繁殖。

栽培养护：马缨丹抗性强，基本无病虫害发生。因其生性强健，长势快，养护上主要是防止生长过快或徒长，因此在生长旺季，应定期进行修枝，原则上是花后重剪，但一般在枝叶过密过长（高出地面40cm以上）、花叶互相遮盖、露出枝干时及时修枝。修枝后20~25天为盛花期，使铺地花卉在节日期间达到表面平整均匀，花色纯艳的最佳观赏效果。

景观特征：花期长，花色丰富。

园林应用：马缨丹既可集中成片在街道、花园、庭院、花坛、墙边、路边等处和菜地、果园周围种植用作绿篱，也可单独种植花钵、大盆内作为优美别致的盆栽花，用于布置装饰和美化厅堂、会场、房室或点缀花坛、假山、石隙、屋角、院落、街道绿化等环境（图6-1-38）。

5. 扶桑（观花类）

别名：朱槿、佛桑花、大红花、佛槿、赤槿、桑槿、日及、花上花、槿牡丹

科名：锦葵科 *Malvaceae*

学名：*Hibiscus Rosa-sinensis Linn.*

原产地：中国或栽培种。南美扶桑原产于墨西哥、秘鲁、巴西。中国广东、云南、台湾、福建、广西、四川等省区广有栽培。

形态特征：常绿灌木。

高度×冠幅：1~2m×1~1.5m（大花扶桑类较低矮）。

识别要点：叶子呈阔卵形或狭卵形，边缘具粗齿；花生于上部叶腋间，常下垂，花冠呈漏斗形且为玫瑰红色或淡红、淡黄等色，花瓣呈倒卵形，先端圆；蒴果为卵形，平滑无毛且有喙。

主要花期：5~10月（全年均可开花）。

生育适温：22~30℃。

质感：中至粗。

图6-1-38 开花能招花引蝶；马缨丹极粗放，开花容易；花期长小叶马缨丹枝叶密致，地被效果佳

主要品种：美丽美利坚、橙黄扶桑、黄油球、蝴蝶、金色加州、快乐扶桑、锦叶扶桑、波希米亚之冠、金尘扶桑、呼啦圈少女、砖红扶桑、御衣黄扶桑等。

繁殖要点：朱槿可采用扦插、嫁接和高空压条等方式进行繁殖。

栽培养护：朱槿是阳性树种，5月初要移到室外放在阳光充足处。此时也是扶桑的生长季节，要加强肥水、松土、拔草等管理工作。每隔7~10天施一次稀薄液肥，浇水应视盆土干湿情况，过干或过湿都会影响开花。光照不足，花蕾易脱落，花朵缩小，每天日照不能少于8小时。扶桑对肥料需求较大，在栽培中要及时补光。

景观特征：花姿明艳，颇有热带风光之美。

园林应用：适于大型盆栽、花槽、绿篱（图6-1-39）。庭园、校园或公园单植、列植、群植、添景尤佳。可作道路中央分向岛、绿地绿化美化。密植成绿篱，具有防风功能。花能诱蝶。

图6-1-39 扶桑是做绿篱的好材料、夏季扶桑盛开，颇具热带风光之美

6. 木槿（观花类）

别名：水锦花、朝开暮落花、篱障花

科名：锦葵科 *Malvaceae*

学名：*Hibiscus syriacus L.*

原产地：木槿属主要分布在热带和亚热带地区，木槿属物种起源于非洲大陆，非洲木槿属物种种类繁多，呈现出丰富的遗传多样性。木槿原产于中国中部各省，中国除华北、西北、东北的部分地区外，台湾、福建、广东、广西、云南、贵州、四川、湖南、湖北、安徽、江西、浙江、江苏、山东、河北、河南、陕西等省区，均有栽培。

形态特征：落叶灌木。

花期：5~10月。

高度×冠幅：1~3m×0.5~1m。

识别要点：小枝上有黄色星状绒毛，叶菱形卵状，托叶线形且有柔毛；花单生于枝端叶腋间，花萼和花均为钟形，花是淡紫色的，呈倒卵形，外面也有纤毛和星状长柔毛；果实卵圆形，有黄色星状绒毛；种子肾形，背部有黄白色长柔毛。

生物特性：质感中，叶色灰绿。花色有淡紫、桃红、白色。

图6-1-40　盛开的木槿

主要品种：白花单瓣木槿、紫花木槿、白花重瓣木槿、牡丹木槿等。

繁殖要点：木槿的繁殖方法有播种、压条、扦插、分株繁殖，但生产上主要运用扦插繁殖和分株繁殖。

栽培养护：生长快。耐热、耐寒、耐旱、不耐阴、耐瘠、萌芽力强、耐剪、易移植。

景观特征：性强健，花姿柔美，适于花槽栽植及低篱、行道美化。

园林应用：庭园、校园、公园、游乐区等，均可单植、列植、群植利用（图6-1-40）。唯冬季落叶期缺少绿意。

7. 桂花（观花类）

别名：银桂、九里香、木犀、岩桂

科属名：木樨科 *Oleaceae Hoffmanns. & Link*

学名：*Osmanthus fragrans*

原产地：原产于我国喜马拉雅山东段和西部，印度（阿萨姆邦）、尼泊尔、柬埔寨、日本、韩国、缅甸、新喀里多尼亚、泰国、外高加索、土耳其、越南。中国西藏、四川、陕西、云南、广西、广东、湖南、湖北、江西、安徽和河南等地，均有野生桂花生长，现广泛栽种于淮河流域及以南地区，其适生区北可抵黄河下游，南可至两广、海南和台湾等地。

形态特征：常绿灌木。

主要花期：8~11月（全年均可开花）。

高度×冠幅：1~3m×0.53m。

识别要点：花梗较细弱，且花丝极短，花极芳香；果实歪斜，一般为椭圆形，呈紫黑色；叶对生，革质，呈椭圆形、长椭圆形或椭圆状披针形，先端渐尖，基部渐狭呈楔形或宽楔形。

生物特性：质感中至粗，叶色灰绿至深绿，春季新叶呈红褐色。花呈乳白色，具芳香。

主要品种：金桂、银桂、丹桂和月桂。

繁殖要点：花的主要繁殖技术包括无性繁殖、扦插、嫁接、压条繁殖等。

栽培养护：生长速度中等。耐热也耐寒、耐旱也耐湿、耐阴、耐修剪。喜好肥沃有机质土壤。易移植、寿命长。

景观特征：古老树种，飘香四溢，令人怀旧。

图6-1-41 桂花耐阴，大树低下生育健壮

图6-1-42 枝条有刺，密植可修剪成防卫绿篱

园林应用：适于大型盆栽、花槽、绿篱。成株可作主树，可在庭园、校园、公园或庙宇单植、列植、群植。尤其适于中庭或日照不足的地方美化。花具香气，并能诱蝶（图6-1-41）。

8. 火棘（观花类）

别名：火把果、救军粮、台东火刺木、状元红

科名：蔷薇科 *Rosaceae*

学名：*Pyracantha fortuneana (Maxim.) H. L. Li*

原产地：中国广西、湖南、湖北、台湾等省区。

形态特征：常绿灌木或小乔木。

花期：3~4月，果实红熟期：11~2月。

高度×冠幅：1~3m×1~3m。

识别要点：老枝呈暗褐色；叶片呈倒卵形，边缘有钝锯齿，齿尖向内弯，两面皆无毛；叶柄短，无毛或嫩时有柔毛；花序是复伞房状，花瓣呈白色近圆形；果球近圆形，颜色是橘红或深红色。

生物特性：生长速度中至快。耐热也耐寒、耐旱、耐瘠、耐风、耐剪、易移栽。

主要品种：窄叶火棘、全缘火棘、小丑火棘。

繁殖要点：火棘的繁殖方法是点播法。

栽培养护：火棘属亚热带植物，性喜温暖、湿润且通风良好、阳光充足、日照时间长的环境，最适于生长温度20~30℃。另外，火棘还具有较强的耐寒性，在-6℃仍能正常生长，并安全越冬。

景观特征：强健粗放，枝叶终年浓绿，果色鲜红。

园林应用：适于花槽、绿篱、盆景（图6-1-42）。庭园、校园或公园单植、列植、群植绿化，池边点缀皆佳。枝条有刺、尤适于防卫性绿篱。花、果能诱蝶和诱鸟。

9. 吊钟花（观花类）

别名：吊灯花、灯笼花、倒挂金钟、吊钟海棠、灯笼海棠

科名：柳叶菜科 *Onagraceae Juss.*

学名：*Enkianthus quinqueflorus Lour.*

原产地：原产于秘鲁、智利、墨西哥等地。现广泛分布于中国江西、福建、湖北、湖南、广东、广

西、四川、贵州、云南；越南亦有分布。其多生于海拔600～2400米的山坡灌丛中。

形态特征：落叶小灌木。

花期：12～4月（高冷地区全年开花）。

高度×冠幅：20～90cm×30～90cm。

质感：中至细质。

识别要点：小枝无毛；叶聚生枝端，革质，椭圆形、椭圆状披针形或倒卵状披针形、稀披针形；伞形花序无毛，下弯，花萼裂片卵状披针形或三角状披针形，花冠宽钟状；蒴果卵圆形，果柄直立。

生物特性：中性植物，平地60%～70%，高冷地区需强光。

生育适温：15～22℃。

繁殖要点：吊钟花可用播种、扦插及压条繁殖。

栽培养护：生长速度中至快。喜冷凉或温暖，耐寒不耐热、耐湿、耐剪。

景观特征：开花玲珑可爱。

园林应用：适用于高冷地区盆栽、花槽、低篱栽植，各式庭园列植、群植美化（图6-1-43）。平地冬季至春季可用盆栽作装饰。

10. 假连翘类（观姿类）

别名：金露花、篱笆树、花墙刺

科名：马鞭草科*Verbenaceae J. St.-Hil.*

学名：*Duranta erecta L.*（假连翘）；*Duranta erecta 'Golden Leaves'*（黄叶假连翘）；*Duranta repens L.*（矮假连）

原产地：原产于热带美洲。中国南部常见栽培，常逸为野生。

形态特征：常绿灌木。

花期：6～10月。

高度×冠幅：0.3～3m×0.3～1.5m。

图6-1-43　在高冷地区，吊钟花能展现迷人的魅力

识别要点：枝条有皮刺，幼枝有柔毛。叶对生，少有轮生，叶片卵状椭圆形或卵状披针形，纸质，顶端短尖或钝，基部楔形，有柔毛。总状花序顶生或腋生，常排成圆锥状；花萼管状，有毛，长约5mm，5裂，有5棱；花冠通常蓝紫色，长约8mm，稍不整齐，5裂，裂片平展，内外有微毛。核果球形，无毛，有光泽，直径约5毫米，熟时红黄色，有增大宿存花萼包围。

生物特性：阳性植物，喜强光。

生育适温：22～32℃。

主要品种：金叶连翘、金脉连翘、垂枝连翘。

繁殖要点：播种、插杆、压条。

栽培养护：生长快。耐热、耐寒、耐旱、耐瘠、喜多肥、耐剪、易移植。

景观特征：花能诱蝶，耀眼醒目。

园林应用：适于大型盆栽、花槽、绿篱。庭园、校园或公园列植、群植均佳。黄叶假连翘以观叶为主，用途极广泛，可作地被、修剪造型、构成图案或强调色彩配植，为广东、台湾广泛应用的优良矮灌木（图6-1-44）。

图6-1-44 黄叶假连翘色彩亮丽

11. 九里香（观姿类）

别名：月橘、七里香、千里香

科名：芸香科 *Rutaceae*

学名：*Murraya exotica*

原产地：亚洲热带地区，分布于我国南部至西南部。

形态特征：常绿灌木或小乔木。

花期：5~10月。

高度×冠幅：1~4m×1~2m。

识别要点：叶色深绿富光泽。叶片为复叶，为卵形或倒卵状椭圆形，叶柄很短；花白色，有芳香味，花瓣为长椭圆形。花呈白色，具香气。果色由绿转红。

生物特性：阳性植物，喜强光。

生育适温：22~30℃。

主要品种：豆叶九里香、翼叶九里香、广西九里香、兰屿九里香、小叶九里香等。

繁殖要点：播种、插杆、压条。

栽培养护：生长速度中至快。耐热、耐塞、耐旱、耐湿、不耐阴、耐空气污染、耐剪、抗风、易移栽、寿命长。

景观特征：枝叶四季常绿，质感佳，观叶、观姿为主。

园林应用：适于大型盆景、龙槽、绿篱、修剪造型。庭园、校园或公园道路分向带等，均可单植、列植、群植绿化美化，为中国台湾地区普遍使用的绿莺灌木（图6-1-45）。

12. 草海桐（观姿类）

别名：海桐草、水草、水草仔、细叶水草

科名：草海桐科 *Goodeniaceae*

学名：*Scaevola sericea Vahl*

原产地：原产于中国台湾、日本、太平洋诸岛，草海桐分布于中国台湾、福建、广东、广西等地，日本、东南亚、马达加斯加、大洋洲热带、密克罗尼西亚以及夏威夷也有栽培。

图6-1-45 九里香开花清香，但造园应用以观姿为主

形态特征：常绿灌木。

高度×冠幅：1~2m×1~2m。

识别要点：粗质感，叶色翠绿，花呈白至淡粉红色。

生物特性：22~32℃中生长快。

主要品种：薄片海桐、窄叶聚花海桐等。

繁殖要点：繁殖方式一般为播种、托插或分株繁殖。

栽培养护：耐热、极耐旱、不耐阴、耐瘠、抗风、耐碱、耐剪、易移栽。

景观特征：海滨植物，枝叶青翠。

园林应用：用于绿篱、花槽栽植。适于各式庭园单植、列植、群植。尤适于滨海地区造园、防风定砂或道路分向岛、绿地等绿化美化（图6-1-46）。目前台湾中、南、东部沿海普遍栽植，市区绿地生育亦良好。

13. 小叶黄杨（观姿类）

别名：细叶黄杨

科名：黄杨科 *Buxaceae Dumort.*

学名：*Buxus sinica var.parvifolia M.Cheng*

原产地：分布于中国安徽（黄山）、浙江（龙塘山）、江西（庐山）、湖北（神农架及兴山）。

形态特征：常绿小灌木。

高度×冠幅：0.5~1m×0.3~0.6m。

识别要点：叶革质，深绿富光泽，老枝干淡土黄色。

生物特性：阳性植物，喜强光。

生育适温：15~28℃。

繁殖要点：小叶黄杨的繁殖方式是扦插繁殖，于4月中旬和6月下旬随剪条随扦插。

栽培养护：生长缓慢。耐寒、不耐酷热、耐旱、耐风、耐剪、易移栽，属低维护性的常绿灌木。中国台湾中、北部培育较佳。

景观特征：枝叶浓密，终年不凋。

园林应用：适于大型盆景、花槽、绿篱（矮篱）、地被。庭园、校园或公园列植、群植美化皆佳。对汽车排放废气耐性强，也适合道路中央分向岛、绿地绿化（图6-1-47）。

图6-1-46 草海桐是滨海绿篱优良常绿灌木

图6-1-47 小叶黄杨是绿篱高级树种

（六）灌木类主要花期及用途（表6-1-2）

灌木类主要花期及用途

表6-1-2

名称	形态	主要花期	行道树	绿篱用	庭园用	地被用	其他
杜鹃花	常绿灌木	3~4月	√	√	√		修剪造型
番茉莉	常绿灌木	3~4月	√	√	√		
雪茄花	常绿小灌木	1~12月			√	√	诱蝶、造型
洋绣球	落叶小灌木	3~4月			√		
蓝星花	半蔓性常绿小灌木	3~8月			√	√	
黄栀	常绿灌木	4~6月	√		√		观果
黄虾花	常绿小灌木	3~8月			√		
树兰	常绿灌木或小乔木	5~10月	√	√	√		诱蝶
马缨丹	常绿灌木	4~10月	√	√	√	√	诱蝶、诱鸟
醉娇花	常绿灌木	5~8月		√	√		
美洲合欢	落叶灌木	4~10月			√		诱蝶、造型
萼花	半落叶灌木	5~10月			√		
番蝴蝶	落叶灌木	5~11月	√		√		
龙船花	常绿灌木	5~10月	√	√	√	√	修剪造型
扶桑	常绿灌木	5~10月	√	√	√		诱蝶
木槿	落叶灌木	5~10月	√	√	√		
蓝雪花	亚灌木	5~10月		√	√	√	
桂花	常绿灌木	8~11月		√	√		诱蝶、造型
麒麟花	肉质灌木	10~1月		√	√		
圣诞红	常绿灌木	10~4月	√		√		诱蝶
火棘	常绿灌本或小乔木	3~4月		√	√		诱蝶、诱鸟
吊钟花	常绿小灌木	12~3月		√	√		
苏铁	常绿灌木	7~10月	√		√		
假连翘类	常绿灌木	5~10月	√	√	√	√	诱蝶、造型
六月雪	常绿小灌木	5~8月		√	√	√	
九里香	常绿灌本或小乔木	5~10月	√	√	√		修剪造型
扁樱桃	常绿灌本或小乔木	3~6月		√	√		诱鸟、造型
胡椒木	常绿灌木	4~5月		√	√		修剪造型
草海桐	常绿灌木	3~5月	√		√		海滨植物
白水木	常绿灌本或小乔木	3~5月			√		海滨植物
小蜡树	常绿灌本或小乔木	3~6月	√	√	√	√	修剪造型
易生木	常绿灌木	8~11月		√	√		修剪造型
小叶黄杨	常绿小灌木	3~5月	√	√	√	√	修剪造型

名称	形态	主要花期	行道树	绿篱用	庭园用	地被用	其他
福建茶	常绿灌木	3~4月		√	√		修剪造型
锡兰叶下珠	常绿灌木	12~1月	√	√	√	√	
彩叶山漆茎	常绿小灌木	2~4月		√	√		
东方紫金牛	常绿灌木或小乔木	6~8月	√	√	√		观果、诱鸟
厚叶石斑木	常绿灌木或小乔木	3~5月		√	√		海滨植物
红花玉芙蓉	常绿小灌木	6~11月		√	√		修剪造型

（七）灌木类主要应用场景及效果（表6-1-3、表6-1-4）

灌木类主要应用一　　　　　　　　　　　　　　表6-1-3

应用位置	道路分向岛	绿篱（防卫绿篱）	庭园
功能	美化、绿化	阻挡视线	构成美丽的景观
效果			
应用位置	树荫下	窗台	墙面
功能	美化	装饰	柔化、弱化
效果			

灌木类主要应用二　　　　　　　　　　　　　　表6-1-4

应用位置	河堤两岸	花槽	道路
功能	美化、绿化	美化装饰	美化、阻挡视线、消减噪声
效果			
应用位置	绿地	水沟岸边	护坡
功能	划分空间	遮蔽劣景、美化	保持水土、增强护坡稳定性
效果			

三、花卉植物

（一）花卉植物的概念

花卉植物是指以花朵为主要特征的，具有观赏价值的植物。它们通常具有美丽的花朵、艳丽的色彩和芬芳的气味。花卉植物不仅包括野生花卉，还包括人工培育的观赏花卉。花朵是植物繁殖的一种方式，通过花粉与花蕊的结合，植物能够进行有性繁殖，并产生种子。花朵的形状、颜色和香气吸引了许多昆虫和动物，它们在传粉过程中起到了重要的作用。因此，花卉植物在自然界中具有重要的生态功能。

（二）花卉植物的特征

1. 形态特征：花卉植物的形态多样，有单瓣和复瓣之分，花瓣的形状、大小和颜色也各异。此外，花卉植物的花期也有长短之分，有的花卉花期短暂，如昙花、樱花；有的花卉花期较长，如月季、菊花。

2. 生长习性：花卉植物生长习性各异，有的喜欢阳光，如向日葵、薰衣草；有的喜欢阴凉，如兰花、茶花。在生长环境方面，有的花卉植物耐旱，如仙人掌、龙舌兰；有的花卉植物喜湿润，如荷花、睡莲。

3. 繁殖方式：花卉植物的繁殖方式主要有种子繁殖、扦插繁殖、分株繁殖等。其中，种子繁殖是最常见的繁殖方式，适用于多数花卉植物；扦插繁殖和分株繁殖则适用于部分花卉植物，如玫瑰、菊花等。

（三）花卉植物的功能

1. 观赏功能：花卉植物具有很高的观赏价值，可以美化环境，提高人们的生活品质。此外，花卉植物还可以作为礼品赠送给亲朋好友，表达美好的祝愿。

2. 生态功能：花卉植物通过光合作用产生氧气和有机物，为其他生物提供食物和能量。同时，花卉植物还可以净化空气，调节气候，保持水土，提高生态环境质量。

3. 药用功能：部分花卉植物具有药用价值，如金银花、夜来香等。它们可以用于治疗一些疾病，具有很高的药用价值。

4. 文化功能：花卉植物自古以来就是文人墨客喜爱的题材，许多诗词歌赋都以花卉为题，赞美花卉的美丽和芬芳。花卉植物还是各种节令和民俗活动的重要元素，如端午节的艾叶、重阳节的菊花等。

（四）花卉植物与乔木、灌木的搭配方法

1. 色彩搭配：在花卉植物与乔木、灌木的搭配中，可以根据植物的花色、叶色进行搭配，创造出丰富多彩的景观效果。例如，可以将红色的花卉植物与绿色的乔木、灌木搭配，形成鲜明的对比；也可以将同色系的花卉植物与乔木、灌木搭配，营造出和谐统一的视觉效果。

2. 形态搭配：在花卉植物与乔木、灌木的搭配中，可以根据植物的形态特征进行搭配。例如，可以将高大的乔木与低矮的花卉植物搭配，形成层次分明的立体景观；也可以将蓬松繁茂的灌木与造型优

美的花卉植物搭配，增加景观的立体感和动态感。

3. 功能搭配：在花卉植物与乔木、灌木的搭配中，可以根据植物的功能特点进行搭配。例如，可以将具有空气净化功能的花卉植物与具有遮阳、抗风、保持水土功能的乔木、灌木搭配，共同提高生态环境质量；也可以将具有药用价值的花卉植物与具有观赏价值的乔木、灌木搭配，实现功能的多样性和互补性。

以花为主要观赏对象的植物必须花朵繁盛美丽，能够营造华丽、热烈的气氛；以叶为主要观赏对象的植物必须叶色美丽鲜艳，能够营造色彩丰富的景观。植物群体表现应当均匀一致，包括株形一致和花期一致。花期相对较长，以便延长花坛观赏期，相对降低成本。一般是草本植物，也可以是生长较为迟缓、耐修剪的灌木，能耐干燥、抗病虫害和矮生性的品种。

（五）花卉植物的种类

花卉植物种类繁多，根据不同的分类标准，可以将其分为多个类别。按照生命周期划分，可以分为一年生花卉、二年生花卉和多年生花卉；按照生长习性划分，可以分为草本花卉、木本花卉和藤本花卉；按照花期划分，可以分为春季花卉、夏季花卉、秋季花卉和冬季花卉等。

1. 一年生花卉、二年生花卉和多年生花卉

一年生花卉、二年生花卉和多年生花卉是根据植物的生命周期来划分的。这三种类型的花卉在植物学中有着不同的概念和特点。

一年生花卉是指其生命周期只有一年的花卉植物。这类花卉在一年内完成了从种子到开花再到结果的整个生命周期。一年生花卉的特点是生长迅速，从播种到开花通常只需要几个月的时间。它们通常以大量的花朵和丰富的花色来吸引昆虫传粉，以确保繁殖。一年生花卉的种子可以在适宜的条件下保存，并在下一年重新播种。一年生草本花卉包括瓜类（如西瓜、黄瓜），豆类（如菜豆、豌豆），葵花科（如向日葵、葵花籽），菊科（如波斯菊、万寿菊）等。

二年生花卉是指其生命周期需要两年的花卉植物。在第一年，二年生花卉从种子发芽并形成基本的叶片和根系。在第二年，它们继续生长并开花结果。这类花卉的特点是在第二年开花时，花朵通常比一年生花卉更大、更鲜艳。二年生草本花卉包括蓼科（如蓼草、蓼花），欧亚荨麻（如荨麻、荨麻花），石竹科（如石竹、石竹花），二年生牡丹等。

多年生花卉是指其生命周期超过两年的花卉植物。这类花卉具有较长的生命周期，可以在多个季节中持续生长和开花。多年生花卉的特点是它们具有更强大的根系和更多的养分储备，以支持它们的持续生长和开花。多年生花卉通常比一年生和二年生花卉更耐寒，更适应各种环境条件。它们的花朵也具有更长的寿命。多年生草本花卉包括兰科（如兰花、兰花草），百合科（如百合、百合花），菊科（如菊花、菊花草），石竹科（如康乃馨、康乃馨花）等。多年生木本花卉包括桃花（如桃树、桃花），梅花（如梅树、梅花），杏花（如杏树、杏花），海棠花（如海棠树、海棠花），玫瑰科（如玫瑰、玫瑰花）等。

总的来说，一年生花卉和二年生花卉通常都是草本植物，而多年生花卉则可以是草本植物或木本植物。这些花卉的分类不仅与它们的生命周期有关，还与它们的生长方式和特征有关。因此，在对花卉进行分类时，我们需要考虑多种因素，并结合实际情况进行判断。

2. 草本花卉、木本花卉和藤本花卉

草本花卉、木本花卉和藤本花卉是三种不同的植物类型，它们各自有其独有的特征和生长习性。草

本花卉指的是那些生长期较短、高度较低的植物，通常只有一年或两年的寿命。木本花卉则是指那些长有木质茎干的植物，它们可以是一年生、二年生或多年生的。而藤本花卉则是指那些以攀援方式生长的植物，它们可以是一年生或多年生的。

草本花卉是指植物体柔软的植物，其生长活力主要集中在地上部分。草本花卉的生命周期可分为一年生、二年生和多年生。一年生草本花卉是指在一个生长季度内完成生命周期的植物，如瓜类、豆类等。两年生草本花卉是指在两个生长季度内完成生命周期的植物，如蓼科、欧亚荨麻等。多年生草本花卉是指生命周期超过两年的植物，如兰科、百合科等。一些常见的一年生草本花卉包括矢车菊、勿忘我、金盏花、康乃馨等。常见的二年生草本花卉包括紫罗兰、鸢尾花、茉莉花等。

木本花卉是指木质茎干，具有明显的主干和分枝的植物，大多数为多年生植物。它们的特点是茎干较硬，叶子较大，生长速度较慢，寿命较长。木本花卉的生命周期通常较长，木本花卉的种类繁多，常见的有桃花、梅花、杏花、海棠花、玫瑰、牡丹、月季、杜鹃、樱花等。

藤本花卉是指植物体柔软，缺乏自立能力，需要借助其他植物或物体攀爬生长的植物。藤本花卉的生命周期大多为多年生，多年生藤本花卉包括葡萄科（如葡萄、葡萄藤），喇叭花科（如喇叭花、喇叭花藤），紫藤科（如紫藤、紫藤花），早春红，金银花，七里香等。

综上所述，草本花卉、木本花卉和藤本花卉各自具有独特的概念和特征。通过对它们的分类和举例，我们可以更好地认识和了解这些花卉，为园林绿化、生态保护和科学研究提供有益的参考。

（六）常见花卉植物

1. 矮牵牛

别名：键子花、碧冬茄

科名：茄科 *Solanaceae Juss.*

学名：*Petunia hybrida (J. D. Hooker) Vilmorin*

适应地区：在世界各国花园中普遍栽培，我国南北城市公园中普遍栽培观赏。

形态特征：一年生草本，高30～60cm，全体生腺毛。叶有短柄或近无柄，卵形，顶端急尖，基部阔楔形或楔形，全缘，长3～8cm，宽1.5～4.5cm。花单生于叶腋，花梗长3～5cm；花萼5深裂，裂片条形，长1～1.5cm，宽约3.5mm，顶端钝，果时宿存；花冠白色、粉色、紫色等，有各式条纹，漏斗状，长5～7cm，筒部向上渐扩大，檐部开展，5浅裂；雄蕊4长1短；花柱稍超过雄蕊，蒴果圆锥状，长约1cm，2瓣裂。种子极小，近球形，直径约0.5mm，褐色。

识别要点：草本；全株生腺毛；叶卵形，全缘；花单生于叶腋，花冠漏斗状。

生物特性：喜温暖，对寒冷的耐受性差，同时对于长时间高温气候，也非常畏惧；生长适合温度为15～20℃；喜阳光充足的地方，阳光不足，植株开花不良；对水涝的耐受性差，喜排水良好、疏松的砂质壤土；花期4～10月；温度保持在15～20℃，可四季开花。

主要品种：红清晨（*cv. Salmon Mon*）；佳期紫星（*cv. Primetime Violet Star*）；极美红星（*cv. Ultra Red Star*）；天蓝（*cv. Sky Blue*）；紫浪（*cv. Wave Purple*）；白极美（*cv. Ultra White*）；佳期洋红（*cv. Primetime Carmime*）（图6-1-48）。

繁殖要点：繁殖可用播种或扦插法，春、秋季播种均可，因种子细小，播后可不必覆土，保持温度在20～24℃的条件下，4～5天即可发芽。

（a）佳期紫星　　　　　　　　　　（b）极美红星　　　　　　　　　　（c）天蓝

图6-1-48　不同品种的牵牛花

图6-1-49　矮牵牛组成的花海

　　栽培养护：夏季为生长旺盛季节，水分供给可略多，生长期可适量施肥但不可过多，土壤过肥，常易引起徒长倒伏；要注意随时进行修剪，以保持株形美观，开花繁茂；病虫害较少，易于栽培。

　　景观特征：品种和花色极丰富，有白、红、紫、紫蓝、玫瑰红及斑彩等色；花期很长，冬季至春季花谢花开，络绎不绝，盛花时节，一片五彩缤纷、美艳瑰丽的景色（图6-1-49）。

　　园林应用：花期长，开花繁茂，多用于布置公园、游园、广场的花坛、花境，是春、秋季节花坛和花境的良好材料；亦可盆栽，其长枝种可用作吊盆或花篮，用以装饰窗体或墙体，亦是甚佳。

　　2. 百日草

　　别名：步步高、对叶梅

　　科名：菊科 *Asteraceae Bercht. & J. Presl*

　　学名：*Zinnia elegans Jacq.*

　　原产地：原产于墨西哥，在我国各地栽培很广。

　　形态特征：一年生草本，高30～100cm，茎直立，被糙毛或长硬毛，叶宽卵圆形或长圆状椭圆形，基部稍心形抱茎，两面粗糙，下面被密的短糙毛，基出三脉，头状花序单生枝端，无中空肥厚的花序梗；总苞宽钟状，总苞片多层，舌状花深红色、玫瑰色、紫红色或白色，舌片倒卵圆形，先端2～3齿裂或全缘，上面被短毛；下面被长柔毛；管状花黄色或橙色，先端裂片卵状披针形，上面被黄褐色密茸毛。雌花瘦果倒卵圆形，扁平，被密毛。

　　花期：6～9月，果期：7～10月。

　　生物特性：性强健，喜温暖（20℃以上），不耐寒，忌酷暑高温，生长适温15～28℃；宜阳光充足的环境，亦可耐半阴、耐干旱，要求排水良好、疏松、肥沃的土壤。舌状花与管状花的数目与日照长短有关，在长日照下，舌状花较多；在短日照下，舌状花变少而管状花增多。

主要品种：栽培品种很多，常见的有黄梦境（*cv. Dreamland yellow*）；细叶百日草品种橙星（*cv. Star Orange*）；混色梦境（*cv. Dreamland Mix*）；细叶百日草品种混色之星（*cv. Star Mix*）。

繁殖要点：繁殖以播种为主，也可扦插，可在4月于露地苗床播种，发芽适温20～30℃，以26℃最适，播后3～5天出苗，也可在夏季用侧枝扦插，应注意防护遮阴。

栽培养护：幼苗定植前，土中预施少量堆肥或磷、钾肥，可促进开花；生长旺盛阶段，还应每周追施1次稀薄液肥。

景观特征：株形美观，花色丰富，鲜明美丽，花坛、地被景观效果好，深受人们的喜爱，为阿拉伯联合酋长国国花。

园林应用：是园林绿化中夏、秋两季不可缺少的花卉，可布置于花坛、花境，装点街头绿地、烘托节日气氛。矮型品种也可用于盆栽观赏，美化居室、阳台、厅堂，或装饰宾馆、饭店、旅游景区。其高型品种还可作切花，不但保鲜时间长，而且极具观赏价值（图6-1-50）。

图6-1-50　百日草盛开的美景

3. 波斯菊

别名：秋英、大波斯菊、扫帚梅

科名：菊科 *Asteraceae Bercht. & J. Presl*

属学名：*Cosmos bipinnatus Cav.*

原产地：原产墨西哥。在我国栽培甚广，在路旁、田埂、溪岸常自生。

形态特征：一年生草本，高1～2m。根纺锤形、多须根，或近茎基部有不定根。茎无毛或稍被柔毛。叶对生，二回羽状深裂，裂片线形或丝状线形。头状花序单生，径3～6cm，花序梗长6～18cm；总苞片外层披针形或线状披针形，近革质，淡绿色，具深紫色条纹，上端长狭尖，与内层等长，长10～15mm，内层椭圆状卵形，膜质；托片平展，上端成丝状，与瘦果近等长；舌状花紫红色、粉红色或白色，舌片椭圆状倒卵形，长2～3cm，宽1.2～1.8cm，有3～5钝齿；管状花黄色，长6～8mm，管部短，上部圆柱形，有披针状裂片；花柱具短突尖的附器，瘦果黑紫色，上端具长喙，长8～12mm，无毛。花期6～8月，果期9～10月。

生物特性：性强健。喜温暖向阳及通风良好的环境。耐干旱、瘠薄土壤，不耐积水。自繁能力强，成熟种子落地能再成长开花，若能控制肥量，从播种到开花只需40～50天；生育适温10～25℃。

主要品种：依花色分有：白花波斯菊（*var. albiflorus*），花纯白色；大花波斯菊（*var. grandiflorus*），花径大，有紫、红、粉、白等色；紫花波斯菊（*var. purpureus*），花紫红色。品种还可依花瓣类型分类。

繁殖要点：播种或扦插繁殖。秋、冬、早春均适合播种，发芽适温为18~25℃。播种可将种子直接撒播在栽培地上，出苗后再间苗；亦可在苗床育苗。

栽培养护：栽培土质以壤土为佳，排水、日照需良好。其特性为吸肥力强，土质太肥沃或施用氮肥过多，生长旺盛，不利开花；反之，土壤太贫瘠，则生长不良，因此要控制肥量。

景观特征：株茂多姿，花期长，且花色丰富，而颜色均鲜嫩淡雅，花姿柔美可爱，风韵撩人。大面积栽培，盛花时，花海一片，颇富诗意；盆栽观赏效果良好，是时下最流行的花坛植物之一。

园林应用：植株高大，又能自播繁殖，适合作花境背景，篱边散植或山石、崖坡、宅旁点缀，配植于路旁、草坪边缘，效果佳；不同颜色的品种相互搭配，形成条纹、彩带，布置花坛，显得卓尔不凡（图6-1-51），亦是盆栽和切花的好材料。

图6-1-51　波斯菊盛开的美景

4. 美女樱

别名：美人樱

科名：鞭草科 *Verbenaceae J. St.-Hil.*

学名：*Glandularia × hybrida* (*Groenland & Rümpler*) *G.L.Nesom & Pruski*

适应地区：原产中南美洲。主要适合中国华东、华中、西南等地区。

形态特征：多年生宿根性草本。茎枝有匍匐性和直立性品种，全株灰绿色；茎叶均被有细小绒毛；株高10~30cm，叶对生，节间长，叶柄短或近先端轮生，呈长卵圆形，粗锯齿缘，茎叶中所含的汁液甚少。花顶生，花序初为广伞房花序或生长成5~7cm长的穗状花序；花色有粉红、大红、紫、白等颜色。

花期：春季至秋季，花期长达2~3个月。

生物特性：性强健，喜阳光，不耐阴，荫蔽条件下植株开花不良；喜温暖，对寒冷有较强的耐受能力，对干旱稍有耐受性；对土壤要求不严，但在湿润、疏松的土中能节节生根，且开花茂盛。

生育适温：10~25℃，在江南地区小气候较温暖能顺利露地越冬。

主要品种：园艺栽培种较多，多数为原生种的杂交品种，一般有茎枝匍匐性或直立性品种之分。

繁殖要点：繁殖方式有播种和扦插两种，春、秋两季均可播种，发芽适温为种子浸洗后再播种，撒播后覆一层薄土，保持湿度，经15~20天发芽。

栽培养护：定植前最好能预施基肥。幼苗茎枝长约10cm以上摘心1次，促使多分枝，并施用复合

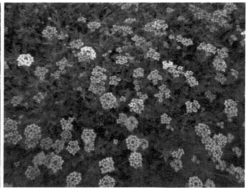

图6-1-52　多种颜色盛开的美女樱

肥追肥，花期甚长，开花期间每隔20~30天追肥1次。梅雨季节需注意排水，根部长期滞水易腐烂。

　　景观特征：纤弱婉约的枝叶，仿佛娉婷苗条的少女，因此又拥有美人樱的芳名；群植或孤植均可，群植数十朵着生于茎顶，花朵盛开时花海景观令人叹为观止，有如兄弟姊妹们团结一致，效果极佳。

　　园林应用：生命力强，是一种优良的园林造景植物，可在公园、游园、园林中的夏季和秋季节花坛、花境的大面积栽培作为观赏植物（图6-1-52）；亦可于林缘或草坪上规则成片栽植，具地被作用，或可单株、多株盆栽或吊盆栽培。

5. 千日红

别名：百日红、火球花

科名：苋科 *Amaranthaceae*

学名：*Gomphrena globosa L.*

原产地：原产于美洲热带，中国各地均有栽培。

形态特征：一年生直立草本，高20~60cm，茎粗壮，有分枝，枝略成四棱形，有灰色糙毛，幼时更密，节部稍膨大。花顶生球形或矩圆形头状花序，单一或2~3个，直径2~2.5cm，常紫红色，有时淡紫色或白色；花被片披针形，外面密生白色绵毛，花期后不变硬；雄蕊花丝连合成管状，顶端5浅裂；柱头2枚，叉状分枝。胞果近球形。

花果期：6~9月。

生物特性：生性极强健，喜阳光充足的地方；喜温暖至高温气候，对炎热气候有较强的耐受性，对寒冷耐受性差，对干旱的耐受能力强，忌涝；对土壤要求不严，但在肥沃、疏松的壤土上生长最佳。

主要品种：园艺品种较多，有高性花和矮性花之分，花色多样，有紫红、淡红、白、淡橙等颜色，其中开白花的叫千日白（*cv. Alba*）。

繁殖要点：繁殖多采用播种法，春播3月底可在温床播种或温室盆播，4月可露地直播，发芽适宜温度为16~23℃，保持环境湿润，经7~10天可出苗。

栽培养护：苗高15cm，摘心1次，主茎第一朵花摘除，能促进其他分枝均衡生长；每20~30天施肥1次，施肥可用复合肥或有机肥病害可用普克菌、亿力等防治，虫害可用速灭松、万灵等防治。

景观特征：株形直立，被灰白色长毛，叶对生，倒卵形，头状花序，由几十朵小花组成，每朵小花有小苞片2片，膜质呈紫红色，是主要的观赏部位，花期特长，大面积种植，盛开时紫红色花海，给人

图6-1-53 盛开的千日红

以艳丽的感觉。

园林应用：生命力强、花期长，是一种不可多得的园艺材料，可以布置于园林、公园、游园的花坛、花境中作为主体观赏植物或背景材料，也可于林缘或路边成列种植；亦可单株盆栽，摆饰于家居的庭院、客厅、阳台等处，可使环境增色不少（图6-1-53）。

6. 三色堇

别名：蝴蝶花、蝴蝶梅、鬼脸花、猫儿脸

科属名：堇菜科 *Violaceae*

学名：*Viola tricolor L.*

原产地：原产于欧洲，现应用于我国南北各地，世界各地有栽培。

形态特征：多年生草本，株高10~40cm，地上茎较粗，有棱，单一或多分枝。基生叶长卵形或披针形；茎生叶卵形、长圆状圆形或长圆状披针形，先端圆或钝，基部圆，边缘具稀疏的圆齿或钝锯齿，上部叶叶柄较长；托叶大型，叶状、羽状深裂，长1~4cm，花大，直径3.5~6cm，每个茎上有3~10朵，通常每朵花有紫、白、黄3色；萼片绿色，长圆状披针形；上方花瓣深紫堇色，侧方及下方花瓣均为3色，有紫色条纹，下方花瓣距较细。蒴果，椭圆形。

生物特性：喜光，耐半阴；喜凉爽气候，忌炎热气候和雨涝；耐寒性强，在北方地区稍加保护即可露地越冬，至春末后气温较高，开花渐少也渐小；对土壤要求不严，喜肥沃、湿润、排水良好、富含腐殖质的疏松土壤；有自播繁衍能力，生育适温约5~23℃。

花期：3~6月。

主要品种：黄宾哥（*cv. Matri Yellow*）；斑斓宾哥（*cv. White Blotch*）；天蓝角堇（*cv. Azure Wing*）；蓝色超级宾哥（*cv. Matri Blue*）；花斑混色（*cv. Blotch Mix*）；黄闪耀（*Yellow Wink*）；欧洲宾哥（*cv. Euro Bingo Light Rose*）；白超级宾哥（*cv. Matri White*）；奶黄便士（*cv. Penny Cream*）。

繁殖要点：播种繁殖，华南地区以秋、冬季为播种适期，种子发芽适温为15~20℃，将种子均匀散播于基质中，保持湿润，10~15天发芽，在长江流域一年四季均可播种，全年都有花开。

栽培养护：待幼苗真叶发至5~7片时可移植栽培。生育期间每20~30天追肥1次，花谢后立即剪除残花，促使再开花。若有作热，应力求通风良好，使温度降低。病害用普克菌、亿力或大生防治，虫害可用速灭松、万灵等防治。

黄宾哥

斑斓宾哥

天蓝角堇

蓝色超级宾哥

图6-1-54　三色堇

　　景观特征：可大面积种植作观赏花卉。花的唇瓣与侧瓣具有美丽色彩，花色丰富，黄、白、紫3色搭配在一朵花上，鲜明艳丽；花型奇丽，雨后或洒水后点点水珠洒落在花瓣上，清新引人，颇惹人喜爱。

　　园林应用：早春重要花卉。开花早，花期长，品种多，色彩丰富，多应用于模纹花坛，还适宜布置花境、草坪边缘，亦可盆栽；不同的品种与其他早春花卉配合栽种效果相当好；如果在高大乔木或灌木林中间另辟空地，进行片植，有柳暗花明的效果（图6-1-54）。

7. 红花鼠尾草

　　别名：朱唇、红花菲衣草

　　科名：唇形科 *Lamiaceae*

　　学名：*Salvia coccinea*

　　原产地：原产于南美洲热带，现我国各地广泛栽培应用。

　　形态特征：一年生草本花卉，株高50～90cm。枝近方形，全株被毛。叶对生，叶卵形或卵状三角形、心形，微皱；长2～5cm，宽1.5～4cm，顶端锐尖，基部近截形，偶为浅心形，边缘有锯齿或钝锯齿，叶面被短柔毛，背面被灰白色短绒毛；叶柄长0.5～4cm，被短柔毛和长硬毛。花顶生，顶生总状花序被红色柔毛；花2～6朵轮生；萼钟状，2层，宿存；花小，花冠筒长约2.5cm，下唇长于上唇2倍；花梗较细，花深红色；开花时花萼较早脱落。小坚果长卵形。

　　花期：夏、秋季。

生物特性：适应性强，栽培简易，常自播繁衍。性喜湿润和阳光充沛的环境，喜温暖至高温，畏霜寒，生育适温约15～30℃；忌长期水淹，不可浇水过多，过多则叶易发黄脱落，影响生长和开花；高温时切忌长期淋雨潮湿。秋播花期为翌年早春4月；夏播花期为7～10月。

主要品种：淑女（*cv. Lady*），花红色。

繁殖要点：用播种或扦插法，春季、秋季、冬季为适期，种子发芽适温20～25℃，种子具好光性，播种后不可覆盖，保持湿润，10～15天发芽。取成株萌发的健壮新芽，扦插于湿润的河砂或细蛇木屑中，可发芽成苗。

栽培养护：定植后摘心1次，促使多分枝，能多开花。用复合肥每20～30天追肥1次，花谢后将残花剪除，并补给肥料，可促使花芽产生，继续开花。花期过后，若施于强剪，可望再萌发新枝，重新生长。注意防虫防病。

景观特征：应用广泛。花顶生，花色绯红，热情奔放，花姿轻盈明媚。片植或丛植时，红波浩瀚，气势宏大，是较好的园林花卉。

园林应用：适合花坛或盆栽，可与其他颜色的花卉或绿草搭配，用于庭园、街道、广场布置花坛，景观鲜艳明丽；亦可丛植于草坪之中，能构成万绿丛中一点红的环境；亦可大面积栽培，盛花之际，景观尤为柔美优雅，是园林中应用较多的花卉，深受人们喜爱（图6-1-55）。

图6-1-55 红花鼠尾草

8. 虞美人

别名：丽春花、赛牡丹

科名：罂粟亚科 *Papaveroideae*

学名：*Papaver rhoeas*

适应地区：原产欧洲和亚洲北部，我国长江流域及以北地区广泛栽培。

形态特征：一、二年生草本，株高30～60cm，全株具糙毛，有乳汁，叶为不整齐的羽状深裂。花单生枝顶，花梗纤细，花朵由4片花瓣组成，花瓣很大，纤薄如绢，有红色、紫色、白色、黄色、复色等各种颜色；形成一个碗状的花冠，直径有6～7cm，有单瓣、半重瓣及重瓣品种；雄蕊多数；花丝颜色多样；子房扁圆球形，具多条纵棱。

花期：4~5月。

生物特性：喜温暖、阳光和通风良好的环境。不耐寒，也怕炎热、高温，即使在北方寒地酷暑也多死亡，为了早开花和延长生长期，应袋苗移栽，在保护地育苗，由于根系深长，要求深厚、肥沃、排水良好的砂质壤土。

繁殖要点：一般用直播法，种子细小，拌土后撒播，播后不必覆土。发芽适温约20℃，春季、秋季播种均可。华北地区于10月下旬~11月初播种，入冬前要注意保温，翌年5~6月开花。3月下旬至4月直播于花坛或畦地，6~7月也可开花。

栽培养护：长出5~6片真叶时间苗，株行距约20cm×20cm，植株再生力弱，移栽后常常枯瘦难开花，最好带土团或袋苗定植。生长期间每月施肥1次，注意不要过量用肥，否则易发生病虫害。4月下旬施1次氮肥，5月上旬施1次磷、钾肥，促使发枝开花。每2~3天浇1次水即可。易发生叶斑病和霜霉病，发病初期喷50%代森锰锌600倍液或50%代森铵1000倍液。虫害为大地老虎，可用75%辛硫磷1000倍液喷杀幼虫，用黑光灯、糖醋液诱杀成虫。

景观特征：植株高度适中，株丛密集，花朵大又美，亭亭玉立，在暖风中摇曳多姿，观赏效果良好，群体效果良好。

园林应用：春季花坛、花境材料，常用于装饰公园、绿地、庭院等场所，也可盆栽或作切花（图6-1-56）。

图6-1-56　虞美人

9. 向日葵

别名：太阳花、向阳花、葵花

科名：菊科 *Asterales*

学名：*Helianthus annuus L.*

适应地区：原产于北美洲，现世界各地均有栽培。

形态特征：一年生高大草本，茎直立，高1~3m。粗壮，被白色粗硬毛，不分枝或有时上部分枝。叶互生，心状卵圆形或卵圆形，顶端急尖或渐尖，有三基出脉，边缘有粗锯齿，两面被短糙毛，有长柄。头状花序大，花径10~30cm，单生于茎端或枝端，常下顷；总苞片多层，覆瓦状排列，卵形至卵状披针形；花托平或稍凸，有半膜质托片；舌状花多数，黄色，舌片展开，长圆状卵形或长圆形；管状花极多数，棕色或紫色。瘦果倒卵形或卵状长圆形，稍扁压，长10~15mm。

生物特性：性强健，性喜温暖或高温，喜阳光充足，适应性强，耐寒性较强，生育适温为15~35℃。耐干旱。对土壤要求不严，栽培土质以肥沃的砂质壤土为佳。全年均能开花，但主要花期在春季或秋季。

主要品种：金色小熊（*cv. Teddybear Golden Yellow*）；欢笑（*cv. Big Smile*）；黄强壮（*cv. Pacino Yellow*）。

繁殖要点：播种法。全年均可播种，但以春、秋季为佳。种子发芽适温为22~30℃。将种子点播入土深约1cm，经5~7天可萌芽，待幼苗真叶发至4~6片时再移植。栽培养护：定植成活后即施用复合肥或各种有机肥，并在根部覆土，巩固根部避免倒伏。若植株高大，必要时设立支柱、扶持株身，防止折枝。花蕾形成后宜多灌水、保持土壤湿润。

景观特征：花色金黄，酷似金色的大太阳，耀眼夺目。头状花序能跟随太阳的日出日落而转动，是积极向上、追求美好、活泼有趣的花中仙子。生性强健，适应性强，植株坚挺，身材苗条，是极好的观赏花卉。

园林应用：花大、色艳、花期长，适宜片植于林缘和草地中，除自身亮丽的黄色外，还可与其他花卉搭配，形成丰富的景观效果。适应性强，各类绿地均可适用，是一种应用广泛的花卉（图6-1-57）。

图6-1-57　向日葵开花盛景

10. 彩叶草

别名：洋紫苏、锦紫苏、五色草、变叶草、老来变

科名：唇形科 *Lamiaceae*

学名：*Coleus scutellarioides*

原产地：原产于亚洲热带地区、大洋洲、中非，现广泛应用于热带、亚热带地区。

形态特征：多年生草本花卉，株高30~50cm。直立，分枝少。叶对生，菱状卵形，质薄，长10~15cm，宽6~10cm，渐尖或尾尖，边缘有深粗齿，叶面绿色，有黄、红、紫等色彩鲜艳的斑纹。总状花序顶生，长10~15cm；花小，轮生，无梗；唇形花冠，淡蓝色到白色。

识别要点：茎4棱；叶对生，菱状卵形，边缘有深粗齿，叶色五彩缤纷，极具美感。

生物特性：喜温暖的环境，不耐阴，需阳光充足的全日照环境，半遮阴处也能生长，但长久日照不足会造成叶色淡化、不美观。

主要品种：金色奇才（cv. Wizard Golden）；复色（cv. Giant Multicolor）；晚霞（cv. Wizard Sunset）。

繁殖要点：繁殖可用播种法和扦插法。播种适温为18～25℃，1～2周可以出苗，扦插分地插和水插两种，水插插穗选取生长充实的枝条中上部2～3节，去掉下部叶片，置于水中，待有白色根长至5～10mm时即可栽入盆中。春、秋季需要5～7天可生根，夏季一般2～3天即可生根。

栽培养护：日常管理比较简单，只需注意及时摘心，促发新枝，形成丰满的球形，养成株丛，可快速覆盖地面。花序生成即应除去，以免影响叶片观赏效果。为保叶片常鲜艳美丽，每月宜施加磷、钾肥。

景观特征：种类繁多，是极佳的观叶植物。视觉效果华丽美观，小规模的丛植、大规模的成片种植都具有良好的景观效果。

园林应用：优良的花坛和地被植物，可在开阔的阳地和半阴环境种植。盆栽可以家庭观赏和园林造景，也可应用于夏秋季节的花坛，色彩鲜艳，非常美丽（图6-1-58）。

图6-1-58　色形兼具的彩叶草

11. 长春花

别名：日日春、山矾花

科名：夹竹桃科 Nerium oleander L.

学名：Catharanthus roseus (L.) G. Don

原产地：原产于非洲东部，现栽培于热带和亚热带地区。中国栽培于西南、中南及华东等省区。

形态特征：半灌木，高达60cm，全株无毛或仅有微毛。叶膜质，倒卵状长圆形，先端浑圆，有短尖头，基部广楔形至楔形，渐狭而成叶柄；叶脉在叶面扁平，在叶背微隆起。聚伞花序腋生或顶生；花萼5深裂，披针形或钻状渐尖；花冠红色，高脚碟状；花冠筒圆筒状，喉部紧缩，具刚毛；花冠裂片宽倒卵形；雄蕊着生于花冠筒的上半部，蓇葖果双生，平行或略叉开。

花期、果期：几乎全年。

识别要点：茎近方形；叶倒卵状长圆形，聚伞花序，花冠红色，高脚碟状；蓇葖果双生。

生物特性：性喜温暖、阳光充足和稍干燥的环境，怕严寒、忌水湿，对土壤要求不严，抗干旱能力强，但不耐低温和水涝。生长适温为20～33℃，越冬温度为10～12℃。

图6-1-59 长春花的不同品种　　　　　　　酒红水晶　　　　　　　　　　杏喜

图6-1-60 盛开的长春花

主要品种：酒红水晶（*cv. Quartz Burgundy*）；杏黄太平洋（*cv. Pacific Apricot*）。

繁殖要点：多采用播种繁殖。早春播种，待小苗长到3～4片真叶时，开始分苗移栽。还可用扦插繁殖，可在春季剪取越冬老株上的嫩枝，剪取8cm长，附带部分叶片，注意遮阴及保持湿度。

栽培养护：生长季节，每隔1个月追施1次有机肥或复合肥，能有效促进开花结果；栽培环境要求通风良好，如枝叶茂密，需酌加修剪。

景观特征：植株姿态优美，顶端每长出一叶片，叶腋间即冒出两朵花，因此它的花朵特多，花期长，花势繁茂，生机勃勃。从春季到秋季开花从不间断，所以有"日日春"之美名。

园林应用：夏、秋季的重要花木，可于花坛和花境中丛植或片植；也可布置于岩石园中，与各种山石景观相互搭配（图6-1-59、图6-1-60）。

12. 天竺葵

别名：入蜡红、绣球花

科名：牻牛儿苗科*Geraniaceae Juss.*

学名：*Pelargonium hortorum*

适应地区：原产非洲南部。我国各地普遍栽培。

形态特征：多年生草本，高30～60cm。茎直立，基部木质化，上部肉质，具明显的节，密被短柔毛，具浓烈鱼腥味，叶互生，叶片圆形或肾形，茎部心形，直径3～7cm，边缘波状浅裂，具圆形齿，两面被透明短柔毛，表面叶缘以内有暗红色马蹄形环纹。伞形花序腋生，具多花，总花梗长于叶；萼片狭披针形，长8～10mm，外面密被腺毛和长柔毛，花瓣红色、橙色、粉红或白色，宽倒卵形，先端圆形，基部具短爪，下面3枚通常较大；子房密被短柔毛；蒴果长约3cm，被柔毛。

识别要点：草本，茎具明显的节；叶互生，两面被透明短柔毛，表面叶缘以内有暗红色马蹄形环纹，有气味。

生长特性：性喜冷凉气候，生长适温为10～25℃，能耐0℃的低温；喜阳光充足。

生物特性：喜排水良好的疏松土壤，耐干燥，忌水湿；开花期长，盛花期在4～6月间，如冬季给予较高温度，管理得当，则10月至翌年6月一直开花。

主要品种：轨道（*cv. Orbit*）；探戈（*cv. Tango*）；雷歌（*cv. Ringo*）；浮雕（*cv. Cameo*）。

繁殖要点：繁殖以扦插、播种为主，其次是组织培养。扦插自9月至翌年3月都可进行，但以秋季、冬季扦插为好，翌年春天或初夏就可开花，嫩枝顶端和下面的嫩茎都可作扦插。

栽培养护：生长期间每2周需施肥1次；叶片过密需修剪；主要病害为花叶病、皱皮病、根腐病等，主要虫害为白蚁、小羽蛾等。

景观特征：株形直立或半蔓性，叶片绿色，圆形或肾形，边缘有钝齿，每枝花茎着生数十朵小花，花色鲜艳，有红色、桃红色、玫瑰红色、白色等，且相互团聚成大花序，形似绣球，花叶争艳，异常热闹，颇受喜爱；配置花坛，景观效果好（图6-1-61）。

园林应用：可布置于公园、游园、校园内的春季花坛内；亦可用于办公室、会场的场景布置。

天竺葵斑斓纹品种

图6-1-61　天竺葵

13. 鸢尾类

科名：鸢尾科 *Iridaceae*

学名：*Iris tectorum Maxim.*

原产地：分布于北温带，中国主要在长江流域以北广泛应用。

形态特征：多年生草本，分宿根和球根2类。叶多基生，相互套叠，排成两列，叶剑形，条形或丝状，叶脉平行，中脉明显或无，基部鞘状，顶端渐尖。大多数的种类只有花茎而无明显的地上茎，花茎自叶片丛中抽出，顶端分枝或不分枝；花及花序基部着生数片苞片，膜质或草质；花较大，呈蓝紫色、紫色、红紫色、黄色、白色；花被裂片6片，2轮排列，外轮花被3片，常较内轮花被大，上部常反折下垂，基部爪状，无附属物或具有鸡冠状及须毛状的附属物，内轮花被3片；雄蕊3枚，着生于外轮花被裂片基部；雌蕊的花柱单一，上部3分枝；子房下位。花期一般4～5月，果期6～8月。

生物特性：宜在阳光充足的地方，有些品种也能耐阴；性强健，耐寒性较强。露地栽培时，地上茎叶在冬季不完全枯萎，喜生于排水良好、适度湿润、微酸性的土壤，也能在砂质土、黏土上生长。

主要品种：园艺品种甚多，花色鲜艳，有纯白色、白黄色、姜黄色、桃红色、淡紫色、深紫色等。作为花坛用品种主要有：德国鸢尾（*I. germanica*）、矮鸢尾（*I. pumila*）等。

繁殖要点：可用分株法繁殖。分株可于春季、秋季或开花后进行，一般2～5年分割一次，根茎粗壮的种类，分割后切口宜蘸草木灰、硫磺粉或放置稍干后栽种，以防病菌感染。

栽培养护：栽培深度为根茎顶部仅低于地面约5cm即可；生育期间1～2月施有机肥1次；土质要经常保持湿润；花谢后将残花剪除；冬季在较寒冷的地方应覆盖厩草或草蒿等物质防寒。

景观特征：植株秀美挺拔，叶片青翠，似剑若带，花大而美丽。群体整齐一致，效果良好，品种丰富，花色多样，花形奇特，株形美观，是良好的花坛、花境材料。

园林应用：能布置花坛和花境，也可点缀于石旁、岩间，植于池畔、溪边，与其他水生植物共同构成景观；又因其花型、花色、叶形等的美观可布置成专类花园（图6-1-62）。

图6-1-62　鸢尾类

第二节
植物群落配置形式

在园林设计中，灌木与乔木和花卉的搭配方法需要注意一些原则。首先，要考虑植物的高度和形态，将高大的乔木与矮小的灌木进行搭配，以形成层次感和立体感。其次，要考虑植物的花期和花色，将具有相似花期和花色的灌木与花卉进行搭配，以增强景观的色彩效果。此外，还可以根据植物的叶色和叶形进行搭配，以创造出丰富多样的园林景观。

植物群落配置是指在设计和规划植物群落时，根据植物的生长习性和功能需求，将不同种类的植物按照一定的布局和组合方式进行配置的过程。植物群落配置的形式主要包括单层结构、二层结构、三层结构及四层结构。每种形式都具有独有的特征和配置策略，具体如下：

一、单层结构

单层结构是指植物群落中只有一个明显的植物层次，通常由一种或几种植物组成。这种形式适用于需要强调植物视觉效果和景观特色的场所，如公园、广场等。单层结构的特征是植物高度相对较低，植物之间的间距较大，使得整个植物群落呈现出开放、通透的感觉。配置策略可以选择一种或多种相互搭配的植物，根据植物的生长速度和习性进行搭配，以达到整体效果的协调和平衡。

单层结构的特征主要表现在以下几个方面：

第一，物种组成简单，单层结构的植物群落中，物种数量较少，通常只有一种或少数几种植物。

第二，层次结构简单，单层结构的植物群落中植物层次仅有一个，没有明显的上层、中层和下层之分。

第三，生物量较低，由于物种组成简单，单层结构的植物群落生物量较低。

第四，稳定性较差，单层结构的植物群落由于物种组成简单，对环境变化的适应能力较差，稳定性相对较低。

单层结构配置策略主要是选择适应性强、生长速度快的植物种类，以提高植物群落的生物量和稳定性（图6-2-1、图6-2-2）。

二、二层结构

二层结构是指植物群落中有两个明显的植物层次，通常由乔木层和草本层组成。这种形式适用于需要增加植物层数和丰富植物群落结构的场所，如花坛、庭院等。二层结构的特征是在单层结构的基础上增加了一层生长高度较低的植物，使整个植物群落更加丰富多样。配置策略可以选择一种或多种相互搭

图6-2-1 单层结构：多品种花卉的搭配一

图6-2-2 单层结构：多品种花卉的搭配二

配的植物，将较低的植物放置在较高的植物周围，以形成层次感和层次过渡。

二层结构的特征主要表现在以下几个方面：

第一，物种组成较为丰富，二层结构的植物群落中，物种数量较多，通常包括乔木和草本两大类植物。

第二，层次结构较为复杂，二层结构的植物群落中，植物层次有两个，分为上层的乔木层和下层的草本层。

第三，生物量较高，由于物种组成较为丰富，二层结构的植物群落生物量较高。

第四，稳定性较好，二层结构的植物群落由于物种组成较为丰富，对环境变化的适应能力较强，稳定性相对较好。

二层结构的配置策略主要是选择适应性强、生长速度快的乔木和草本植物种类，以提高植物群落的生物量和稳定性。二层结构主要由两种植被类型搭配组成，常见组合有：低矮地被+大乔木、低矮地被+大灌木/小乔木、灌木群+大乔木、灌木群+大灌木/小乔木。（图6-2-3～图6-2-6）

二层结构
低矮地被+大乔木

樱花树

枫树

矮婆娟

步道

绣球

铁冬青

乌桕

米兰

再力花

龟甲冬青

旱伞草

图6-2-3　大乔木搭配低矮地被，营造出静谧的林下空间

二层结构
低矮地被+大灌木/小乔木

图6-2-4 大灌木、小乔木搭配低矮地被，营造出丰富的植物景观

二层结构
灌木群+大乔木

图6-2-5　小叶榄仁+灌木群（黄金榕球、灰莉球等），空间层次丰富

二层结构
灌木群+大灌木/小乔木

芙蓉菊　　银香菊　　迷迭香　　富贵蕨　　吴风草　　熊猫堇

图6-2-6　小乔木+灌木群营造通透的空间特征

三、三层结构

三层结构是指植物群落中有三个明显的植物层次，通常由乔木层、灌木层和草本层组成。这种结构形式在森林和灌木丛等生态系统中较为常见。这种形式适用于需要增加植物层数和营造更加复杂的植物群落结构的场所，如园林、景区等。三层结构的特征是在二层结构的基础上增加了一层较高的植物，使整个植物群落更加具有立体感和层次感。配置策略可以选择一种或多种相互搭配的植物，将较高的植物放置在较低的植物周围，以形成层次感和层次过渡。三层结构的特征主要表现在以下几个方面：

第一，物种组成丰富，三层结构的植物群落中物种数量较多，通常包括乔木、灌木和草本三大类植物。

三层结构
低矮地被+灌木群+大灌木/小乔木

图6-2-7　乌桕+灌木群（龟甲冬青球等）+低矮地被（米兰等），通过低矮地被强调边界的顺滑流畅度，增加观感舒适度。球类结合乔灌木的布置，增加景观层次感，小乔木的布置，增加空间围合感

　　第二，层次结构复杂，三层结构的植物群落中，植物层次有三个，分为上层的乔木层、中层的灌木层和下层的草本层。

　　第三，生物量高，由于物种组成丰富，三层结构的植物群落生物量较高。

　　第四，稳定性好，三层结构的植物群落物种组成丰富，对环境变化的适应能力较强，稳定性相对较好。

　　三层结构的配置策略主要是选择适应性强、生长速度快的乔木、灌木和草本植物种类，以提高植物群落的生物量和稳定性。三层结构主要由三种植被类型搭配组成，常见组合有：低矮地被+灌木群+大灌木/小乔木、低矮地被+灌木群+大乔木、灌木群+大灌木/小乔木+大乔木。（图6-2-7～图6-2-9）

四、四层结构

　　四层结构是指植物群落中有四层植物的配置形式。这种形式适用于需要增加植物层数和营造更加复杂多样的植物群落结构场所，如园林、公园等。四层结构的特征是在三层结构的基础上增加了一层较低的植物，使整个植物群落更加丰富多样和立体感。配置策略可以选择一种或多种相互搭配的植物，将较低的植物放置在较高的植物周围，以形成层次感和层次过渡。四层结构是指植物群落中有四个明显的植物层次，通常由乔木层、亚乔木层、灌木层和草本层组成。这种结构形式在热带雨林等生态系统中较为常见。四层结构的特征主要表现在以下几个方面：

　　第一，物种组成极为丰富，四层结构的植物群落中，物种数量极多，通常包括乔木、亚乔木、灌木和草本四大类植物。

　　第二，层次结构极为复杂，四层结构的植物群落中，植物层次有四个，分为上层的乔木层、次上层的亚乔木层、中层的灌木层和下层的草本层。

　　第三，生物量极高，由于物种组成极为丰富，四层结构的植物群落生物量极高。

　　第四，稳定性极好，四层结构的植物群落由于物种组成极为丰富，对环境变化的适应能力极强，稳定性相对极好。

　　四层结构的配置策略主要是选择适应性强、生长速度快的乔木、亚乔木、灌木和草本植物种类，以

三层结构
低矮地被+灌木群+大乔木

❶	芭蕉	❺	亮叶朱蕉
	芭蕉是常绿多年生草本。喜光、耐半阴、喜温暖、不耐寒，应选择避风的地方种植。芭蕉生长较快，在传统中式景观中结合置石种植效果不错。		亮叶朱蕉是常绿观叶灌木，喜高温多湿，对于光照条件适应范围较大。大叶绿色，带红色条纹。亮叶朱蕉是典型热带植物，尤其在东南亚风格中比较多用。
❷	勒杜鹃	❻	鸭脚木
	勒杜鹃又叫三角梅，常绿攀援状灌木。喜光、喜温暖湿润、不耐寒，15℃以上方可开花。花有鲜红色、紫红色、乳白色等，花期3~5月、9~11月。		鸭脚木又叫鹅掌柴，喜温暖湿润和半阴，全日照、半日照或半阴环境下均能生长。叶片可吸收空气中的尼古丁等有害物质，是优良室内盆景，片植效果品种。
❸	海芋	❼	红绒球
	海芋是多年生草本，喜高温湿润，耐阴，不宜强风、强光照。花白色，花期4~7月。茎叶俱汁，叶有毒。海芋是典型热带植物，适合林下、石间、水边种植。		红绒球又叫朱缨花、红合欢，常绿灌木。喜光、不耐寒，喜温暖、耐旱、耐修剪，花红色，花期4~10月。红绒球群植效果不错。
❹	肾蕨	❽	鸡冠刺桐
	肾蕨是观赏蕨类，喜温暖湿润和半阴环境。肾蕨常结合置石种植，也常栽植于林下或高架桥下，适合粗放管理。		鸡冠刺桐是落叶乔木，喜高温，也耐轻度阴暗，喜高温，还耐贫瘠盐碱，花深红色，花期4~7月。鸡冠刺桐开花能诱蝶、诱鸟，群植效果不错。

图6-2-8　低矮地被+灌木群+大乔木呈现的丰富性

三层结构
灌木群+大灌木+小乔木/大乔木

① 毛杜鹃
毛杜鹃又叫锦绣杜鹃，是常绿灌木。喜温暖湿润、耐阴、不耐寒。花色有红色、紫色、白色等，花期为2～5月，3月为盛花期。毛杜鹃适合林下布置。

② 南天竹
南天竹是常绿丛生灌木，喜温暖、湿润、耐光、耐阴，强光下叶色变红。南天竹花期5～7月，浆果熟时鲜红色。多与置石搭配种植于灌木丛中。

③ 鸡爪槭
别名青枫，落叶小乔木，高可达10米。叶形美观，入秋后转为鲜红色。耐阳性，耐半阴，受太阳西晒时生长不良。喜温暖、湿润环境，不耐寒。

④ 麦冬
多年生草本，耐阴，病虫害少，常与假山石搭配栽植，也可种植在水岸边。

图6-2-9 灌木群+大灌木+小乔木/大乔木形成了空间的引导性

提高植物群落的生物量和稳定性。四层结构主要由三种植被类型搭配组成，常见组合有：低矮地被+灌木群+大灌木/小乔木+大乔木。（图6-2-10）

总之，植物群落配置形式的选择应根据不同场所的功能需求和设计要求进行合理的搭配和布局。无论是单层结构、二层结构、三层结构还是四层结构，都需要考虑植物的生长习性和功能需求，以达到整体效果的协调和平衡。通过合理的植物群落配置，可以营造出丰富多样、立体感和层次感的植物景观，为人们提供美丽宜人的环境。

四层结构
低矮地被+灌木群+小乔木/大灌木+
大乔木

图6-2-10　低矮地被+灌木群+大灌木/小乔木+大乔木，塑造层次丰富的植物景观

第三节
植栽设计节点示例

一、节点示例一

（一）施工图（图6-3-1）

（二）效果图（图6-3-2）

（三）实景图（图6-3-3）

二、节点示例二

（一）施工图（图6-3-4）

（二）效果图（图6-3-5）

（三）实景图（图6-3-6）

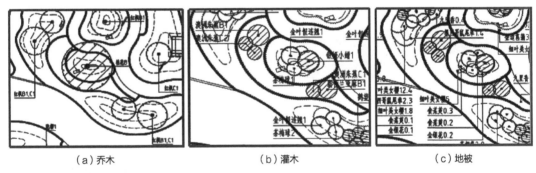

（a）乔木　　　　　　　　　　（b）灌木　　　　　　　　　　（c）地被

图6-3-1　不同植栽的施工图

（a）　　　　　　　　　　　　　　　　（b）

图6-3-2　不同植栽设计效果图

（a）

（b）

（c）

图6-3-3　不同植栽设计实景图

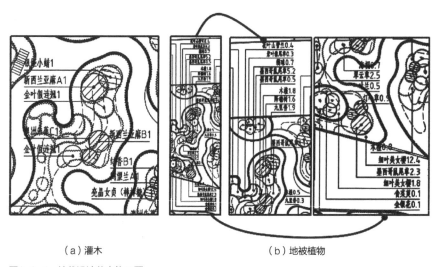

（a）灌木

（b）地被植物

图6-3-4　植栽设计节点施工图一

图6-3-5　植栽设计节点效果图一　　　　　　　　　　图6-3-6　植栽设计节点实景图一

三、节点示例三

（一）施工图（图6-3-7）

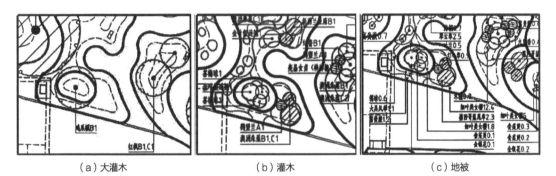

（a）大灌木　　　　　　　　　　（b）灌木　　　　　　　　　　（c）地被

图6-3-7　植栽设计节点施工图二

（二）效果图（图6-3-8）

图6-3-8　植栽设计节点效果图二

（三）实景图（图6-3-9）

（a）

（b）   （c）

图6-3-9　植栽设计节点实景图二

第四篇

设计程序与设计实践

07

第七章

城市公园景观设计程序

第一节
设计工作程序

设计工作程序是指对一个公园区域的景观系统进行完整设计所需要采取的一系列步骤，也是设计中一系列的分析及创造思考过程，使公园景观设计尽可能地实现预期规划目标。要实现这个理想的目标，必须要对设计过程严格控制，制定明确的工作计划。通过图7-1-1，可以对设计的具体流程有较为清晰的了解：

一、制定工作计划

城市公园景观设计要具备些什么条件才能进行？作为景观方案设计，需具备以下条件：一是要有建造目的、内容、规模。也就是说，建造个什么样的公园，是小区游园，是居住区公园，还是区域性公园？包括些什么区域，需多大，这一部分可以总结为"任务书"。二是要有具体的基地情况。基地的大小和形状，要求有相关的地形图，了解基地的高低起伏，基地内须保留的树木、河流、池塘等；基地外的道路及水、电、气等管线情况，人流、车流及出入口等；基地的朝向、风向和原有景观，周围环境对基地的影响等。三是造价和技术经济要求，城市规划部门提出的控制规划要求，包括容积率、绿化率等要求。以上几个条件明确以后，可着手方案设计，制定工作计划时间表，建立一个有效的工作架构以寻求最佳的设计意图。

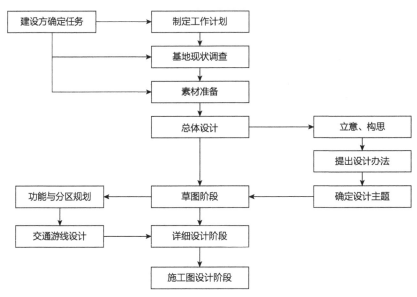

图7-1-1 城市公园景观设计程序图

二、基地现状调查

基地现状调查，就是要掌握基地的基本条件与基地的基本资料。在进行设计前，必须要了解尽量多的与建设项目有关的先决条件和有直接关系的资料，一般包括以下内容：

1. 建设方对设计项目、设计标准及投资额度的意见，还有可能与此相关的历史状况。

2. 项目与城市绿地总体规划的关系（1：5000～1：10000的规划图），以及总体绿地规划对拟建项目的特殊要求。根据面积大小不同，建设方应提供1：2000、1：1000、1：500，甚至1：200的基地范围内的总平面地形图。此类图纸应明确显示设计范围（红线范围、坐标数字）等内容。

3. 基地范围内的地形、标高及现状物体（现有建筑物、构筑物、山体、水系、植物、道路、水井及水系的进、出口位置、电源等）的位置。现状物体中，要求保留利用、改造和拆迁等情况的要分别注明。

4. 与周围市政的交通联系，车流、人流集散方向。这对确定场地出入口有决定性作用。

5. 基地周边关系。周围环境的特点，未来发展情况，有无名胜古迹、古树名木、自然资源及人文资源状况等。还有相关的周围城市景观，包括建筑形式、体量、色彩等。

6. 该地段的能源情况，排污、排水设施条件，周围是否有污染源，如有毒有害的厂矿企业等。如有污染源，必须在设计中采取防护隔离措施。

7. 现状植物、植被分布图（1：500、1：200），主要标明现有植物、植被的基本状况。需要保留树木的位置，并注明品种、生长状况，观赏价值的描述等。有较高观赏价值或特殊保护意义的树木最好附以彩色照片。了解和掌握地区内原有的植物种类、生态、群落组成，还有树木的年龄、观赏特点等。应特别注意一些乡土树种，因为这些树种的巧妙借用往往可以带来良好的效果。

8. 地下管线图（1：500、1：200），一般要求与施工图比例相同。图内应包括上水、下水、环卫设施、电信、电力、暖气沟、煤气、热力等管线位置及井位等。还要有剖面图，并需要注明管径的大小、管底或管顶标高、压力、坡度等，一般应与各配合工种的要求相符合，需与设备专业设计人员沟通。

9. 数据性技术资料，包括用地的水文、地质、地形、气象等方面的资料。了解地下水位，年、月降水量，年最高、最低温度的分布时间，年最高、最低湿度及其分布时间，年季风风向、最大风力、风速以及冰冻线深度等。

三、素材准备

（一）现场素材

现场踏勘的重要性是不言而喻的。再详尽的资料也代替不了对现场的实地观察，无论面积大小，项目难或易，设计者都有必要到现场进行认真踏勘。原因至少有两个：一是公园环境包含了很多感性因素（特别在方案阶段），这类信息无法通过别人准确传达，要求对现场环境有直觉性的认知；二是每个设计师对现场资料的理解各不相同，看问题的角度也不一样，设计师亲赴现场才能掌握自己需要的全部素材。一般而言，现场踏勘搜集的素材包括如下基本内容：

第一，核对补充所收集到的图纸资料；

第二，土地所有权、边界线、周边环境；

第三，确认方位、地形、坡度、最高眺望点，眺望方式等；

第四，建筑物的位置、高度、式样、风格，房屋和其他建筑物的关系（包括以下的细部平面图），甚至包括所有门窗的屋顶平面图、地下室的窗户；

第五，水体、植物植被现状、植物特征，特别是应保留的古树名木的特征；

第六，基地附近环境，例如，与相邻街道的关系、附近的建筑物、电线杆、电力与电话的变压器、地下管网、消火栓等；

第七，土壤、地下水位、遮蔽物、恶臭、噪声、道路、煤气、电力、给水排水、地下埋设物、交通量、景观特点、障碍物等；

第八，任何会影响发展设计的因素。

（二）收集资料

收集资料的工作，看起来是很平凡、容易的事，但其中是有方法的。收集资料须有全面性，如公园设计，首先要收集的并不是具体、现成的公园设计方案，而应当收集一些规范性的资料，如公园中各个区域的大小和相关要求，公园的规模与游人数量的比例，公园中对车行道和人行道的规定等种种要求。只有厘清这些基本的规范性要求，才能行之有效地做方案。当然，收集实例资料也十分必要，但不是用来抄袭的，而是作为分析研究，分析它为什么如此处理，有哪些可以借鉴等。从这里也许能得到许多启示。不同类型的景观实例也应当收集，也许能启发我们的构思。收集实例资料有粗细之分，有些只需粗阅，但要求多看，实例数量不嫌多；有些则要细细琢磨，悟出其中道理，得到某些启示。

另外，还有一种收集资料的方式就是实践，也就是到与设计对象类似的场所去体验一下生活，去找感觉。比如设计公园，就应该参观我们身边的公园，以一个游客的身份和心情，在游览的过程中去感受功能是否合理，如何相互借鉴？植物、水体布局是否能够带来休闲的效果，游客对此的评价如何等。

（三）资料整理

资料的选择、分析、判断是设计的基础。对上述已有的素材进行甄别和总结也是非常必要的，通常在一个设计开始以前，设计者搜集到的素材是非常丰富多样的，甚至有些素材包含互相矛盾的方面。对设计本身来说，不一定把全部调查资料都用上，但要把最突出的、重要的、效果好的整理出来，以便利用。因此，这些素材中哪些是必需的，哪些是可以合并的，哪些是欠精确的，哪些是可以忽略的，都需要预先作出判断。然后把收集到的上述资料制作成图表，在一定的方针指导下进行分析、判断，选择有价值的内容，并根据地形、环境条件，加上建设方的意向，进行比较，综合研判勾画出大体的骨架，以决定基本形式，作为日后设计的参考。

四、编写计划书

计划任务书是进行城市公园景观设计的指导性文件。当完成资料整理工作后，即可编写设计应达成的目标和设计时应遵循的基本原则。计划任务书一般包括八部分内容：

第一，应明确设计用地范围、性质和设计的依据及原则；

第二，明确该公园在城市用地系统中的地位和作用，以及地段特征、四周环境、面积大小和游人容量；

第三，拟定功能分区和游憩活动项目及设施配置要求；

第四，确定公园中景观建筑的规模、面积、高度、建筑结构和材料的要求；

第五，拟定布局的艺术形式、风格特征和卫生要求；

第六，做出近期、远期投资以及单位面积造价的定额；

第七，制订地形地貌图表及基础工程设施方案；

第八，拟出分期实施的计划。

第二节
总体设计阶段

一、确定设计主题

分析设计要素，立意构思，从而确定设计主题。分析设计要素，首先要分析场地中各要素之间在空间格局上的关系，找出场地中重要的空间设计语言，以便于理解现存景观的空间格局，同时分析现场的设计元素如何与自己的设计产生联系。在现场记录各种场景要素，查阅对象的背景资料，进行整理，提炼出重要的相关资料，并对这些资料再进行深化推敲，评估相应的资料，选择可用于设计的语言点，从而确定我们的设计方向。

分析设计要素，确立设计的总意图，是设计师想要表达的最基本设计理念。所谓立意，其实就是设计主题的确定。公园设计的立意就是公园设计的总意图，是设计师想要表达的最基本观点。这个基本观点是需要设计师在日常的设计和学习过程不断探索和研究的，它是景观创作的主体和核心，是设计师对景观设计学术理论的追求，也是理论研究的实践表现。设计主题的确立，大到可反映对整个社会的态度，小到对某一设计手法的阐释。对公园景观设计而言，每个设计师都有自己的思维方式，都有表达自己创新思想的权利，都有不同于他人的设计特点，但决定一个设计合理性的首要环节是立意。表达立意的方法各式各样，既可以是抽象的图式，也可以是文字与图形结合。

概念构思是指针对预设的目标，概念性地分析通过何种途径、采取什么方法，以达到这个目标的一系列构思过程。概念构思的要旨在于面临课题，找出解决问题的途径。换句话说，概念构思实质上是立意的具体化，它直接导致针对特定项目设计原则的产生。

在概念设计构思过程中，往往会形成不少的景观分析图，或综合形成一种景观分区图，以此来揭示公园所具有的景观感受规律和赏景关系，并蕴含着设计构思的若干内容。概念设计构思过程尽可能图示化，并思考每一种活动与活动之间的相互关系、空间与空间的区位关系，使各个空间的处理安排尽量合理、有效。

二、提出设计办法

提出设计的途径和办法，使景观的现有历史文脉和空间结构得以延续和升华。

（一）功能图解

功能图解是指将场地的使用功能根据游览活动项目需要，用泡泡图或图表的方法表示出来的过程。也就是按计划任务书中预设的游赏项目组织的目标，对游赏项目的各种功能进行空间组合，并以简单的图面形式表示出来。

景观特征、场地条件、休闲需求、技术设施条件和地域文化观念都是影响公园游赏项目组织的因素。使用功能图解，根据以上这些因素，保持景观特色并符合相关法规的原则，选择与其协调适宜的游赏活动项目，使游赏活动性质与环境意境相协调，使游憩设施与景观类型相协调。因此，运用功能图解，能够表达出场地功能与空间的相关距离或空间层次关系，以及游憩活动对空间形式的要求、人流动线与车流动线等关系。对于较大规模的公园地域，可以首先用泡泡图抽象地确立主要功能单元，然后探讨次要功能单元，最后定出功能之间的组合。

（二）分区与交通系统规划

城市公园作为一个综合体，具有多种功能接纳不同游客；这些不相同的功能和游客，需要有适合自己需要的空间和设施，这就必须要求设计者将公园划分成相应的单元区域。分区体现着设计者的设计技巧，分区中常要调动各种手段，来突出最具代表性的景观特征和主题区段的感染力，以及空间层次上的递进穿插。分区要求保证将公园环境中最大的吸引潜力挖掘出来，创造对旅游活动有实际意义的环境。

交通系统是联络各功能区域、贯穿整个公园单元的动线系统，通常有不同等级的道路系统。因此在区划的同时，应充分考虑各功能分区的交通、游览活动特点和联系问题。游线组织实质是景观空间展示、时间速度进程、景点类型转换的综合体现。游线安排直接影响游人对景象实体的感受，特别容易影响景象实体所应有的景观效果，所以必须精心安排交通游线系统。

在设计构思时，可以根据游人活动情形，依据场地的地形地貌、水体、原有植物植被等自然条件，综合考虑各功能分区本身的特殊要求，尽可能地因地、因时、因物来考虑游线系统和各种联系的可能性。可以从以下几点对交通游线的合理性进行思考：

第一，如何将一个空间与另一个空间连贯；

第二，各分区的关系与游线系统；

第三，游线的级别、类型、长度、容量和序列结构；

第四，不同游线的特点及次序差异，不同等级游线之间的布局与衔接；

第五，基地对外或对内的景观预期；

第六，游线与游路及交通对开放空间的私密性与公共性的影响程度。

（三）布局组合

布局组合是将游赏对象组织成景物、景点、景群、景线、景区等不同类型结构单元的思维过程。布局组合阶段是全面考虑游赏对象的内容与规模、性能与作用、构景与游赏需求等因素，探索所采用的结构形式与内容协调的过程。由于不同的游玩对象有不同的结构特点，譬如在一些游览单元中，游赏对象多以自然景观为主，但在园苑、院落中却以人工景观为主，内向活动是游人的主要活动特征，它要求有特定的使用功能和空间环境。因此，应根据游玩对象的特点提取、归纳各类景观元素，并将这些元素组织在不同层次、不同类型的结构单元中，使旅游活动的各个组成部分之间得到合理的联系。

一般来说，布局组合阶段主要考虑的内容有：公园功能区域的划分，也就是主景、景观多样化的结构布局；出入口位置的确定；游线和交通组织的要点，包括园路系统布局、路网密度等；河湖水系及地形的利用和改造；植物组群类型及分布；游憩设施和建筑物、广场和管理设施及厕所的配制与位置；

水、电、燃气等线路布置等。

设计实践中经常会遇到，仅仅改变了一个出入口的位置，却会牵扯到全区建筑物、广场及园路布局的重新调整，或因地形设计的改变，导致植物栽植、道路系统的更换。整个布局组合的过程，实际上是功能分区、地形设计、植物种植规划、道路系统诸方面矛盾因素协调统一的总过程。由于存在多种布局组合的可能性，加之布局组合对总体设计具有重大意义，为了避免不必要的调整和变更，以草案的形式来获得多种可选方案是可取的方法。

三、草案设计

草案设计是介于布局组合通向总体设计之间的一个综合设计过程，是将所有设计元素抽象地加以落实、半完成的思考过程。经过立意和概念构思阶段的酝酿，此时所有的设计元素均已被推敲策划过。草案设计根据先前各种图解及布局组合研究所建立的框架，将所有的元素正确地表现在它们应该设置的位置上，并通过草案设计这一思考过程再进行综合研磨。下面的线索对推敲对象的品质具有规定性作用：

第一，功能区域划分应根据公园的性质和环境现状条件，确定各分区的规模及景观特色。

第二，出入口的位置应根据城市规划和公园内部布局要求，确定主、次和专用出入口的位置；需要设置出入口内外集散广场、停车场，有自行车存车处要求的，应确定其规模要求。

第三，道路系统应根据公园的规模、各分区的游憩活动内容、游人容量和管理需要，确定道路的路线、分类、铺装等要求。主要道路应具有引导游览的作用，易于识别方向。游人大量集中地区的道路通达性要好，便于集散；通行养护管理的园路宽度应与机具、车辆相适应；通向建筑物集中地区的道路应有环行路或回车场地；生产管理专用路不宜与主要游览路线交叉。

第四，建筑布局应根据功能和景观要求及市政设施条件等，确定各类建筑物的位置、高度和空间关系，并提出平面形式和出入口位置，景观最佳地段不得设置餐厅及集中的服务设施。管理设施及厕所等建筑物的位置应隐蔽又利于方便使用。

草案设计是为研究可选方案做准备的。多数情况下草案设计用徒手来表达，图面也多是半真实性的，具有解说图的性质，它们应该具有简明性和图解性，以便尽可能地直接解释与特定场地的特性相关的设计构思。随着构思的不断成熟和草案设计的进展，需要进一步对可选性草案的优缺点以及可能存在的问题作比较分析。不合适的方案将被放弃或要加以修正，好的构思应当采纳并加以优化，只要有可能，所有建设性的思想和建议都要包括在内，这种设计过程在设计中是经常出现的，为了减少负面的环境影响，尽可能增进有益的内容。当最适合实际的几个草案，已初具轮廓并已互相比较过，选出最好的一个，此时的草案质量实际上已经转化成了初步设计。

四、总体设计

总体设计是全部设计工作中的一个重要环节，是决定一个公园设计实用价值和景观艺术效果的关键所在。总体设计应根据设计任务书，围绕游赏对象，结合现状条件，对场地功能和景区划分、植物布局等做出综合设计。

城市公园景观设计的总体设计成果主要包括技术图纸、表现图、总体设计说明书和总体匡算四部分内容。

（一）技术图纸内容

1. 区位图

区位图属于示意性图纸，比例一般较大（1：5000～1：10000），主要表示该公园在区域内的位置、交通和周边环境的关系。

2. 现状分析图

现状分析图是根据已掌握的全部资料，经分析、整理、归纳后，对现状作综合评述。可用圆形圈或抽象图形将其概括地表现出来。在现状图上，可以分析设计中有利和不利因素，以便为功能分区提供参考的依据。更重要的是，分析图可以使设计者与甲方的沟通更有针对性，可以帮助甲方从纷杂的思绪中解放出来。

3. 分区示意图

分区示意图是根据总体设计的原则、现状图分析，确定划出不同的空间，使不同空间和区域满足不同的游憩功能要求，形成一个既统一整体，又能反映各区内部设计因素关系的图。分区图多用抽象图形强调各分区之间的结构关系。

4. 总平面图

总平面图可以反映一个公园设计中公园与周围环境的关系和各出入口与城市的关系，以及临街的名称、宽度、周围主要单位名称或社区等，旅游区与周围分界的围墙或透空栏杆应明确表示出来；旅游区主要、次要、专用出入口的位置、面积、形式，广场、停车场的布局也同样需要表示清楚。

5. 竖向设计图

竖向设计是指在一块场地上进行垂直于水平面方向的布置和处理。竖向与平面布局具有同等重要性，是总体设计阶段至关重要的内容。地形是一个游憩活动空间的骨架，要求能反映出公园的地形结构特征。因此，在对公园布局的同时，应根据公园四周城市道路规划标高和园内主要游憩内容，充分利用原有地形地貌，提出主要景物的高程及对其周围地形的要求，地形标高还必须适应拟保留的现状物和地表水的排放。

竖向控制应包括下列内容：山顶标高；最高水位线、常水位线、最低水位线；水底标高；驳岸顶部标高；道路主要转折点、交叉点和变坡点标高；还必须标明公园周围市政设施、马路、人行道以及与公园邻近单位的地坪标高，以便确定公园与四周环境之间的排水关系；主要建筑的底层和室外地坪标高；桥面标高、广场高程；各出入口内、外地面；地下工程管线及地下构筑物的埋深；内外佳景相互观赏点的地面高程。这里的高程均指除地下埋深外的所有地表标高。各部位的标高必须相互配合一致，所定标高即以后局部或专项设计的依据。

6. 道路交通系统图

首先，在图上确定公园的主要出入口、次要入口与专用入口；其次是主要广场的位置、主要环路的位置、消防的专用通道，同时确定主路、支路等位置，以及各种路面的宽度、排水纵坡；最后确定主要道路的路面材料、铺装形式等，它可协调修改竖向规划的合理性。图纸上用虚线表示等高线，采取不同的粗线、细线表示不同级别的道路及广场，并将主要道路的控制标高注明。

7. 建筑设计示意图

根据公园规划原则，分别画出公园内各主要建筑物的布局、出入口、位置及立面图，以便检查建筑风格是否统一，与公园环境是否协调等。彩色立面图或效果图可拍成彩色照片，以便与图纸配套，送甲方审核。

8. 种植设计图

种植总体设计内容主要包括不同种植类型的安排，如密林、草坪、疏林树群、树丛、孤植树、花坛、花境、地界树、行道树、湖岸树、经济作物等内容，还有以植物造景为主的专类园和旅游地内的花圃、小型苗圃等。同时，确定基调树种、骨干造景树种，包括常绿、落叶乔木、灌木、草花等。必要时在图纸上辅以文字，或在说明书中详述。还要确定最好的观景位置，突出视线集中点上的树群、树丛、孤植树等，以及反映植物的季相变化，表现出春、夏、秋、冬四季植物的季相变化，图纸可按绿化设计图例或配合文字来表示。

9. 管线综合图

其内容主要包括：水的总用量（消防、生活、造景、喷灌、浇灌、卫生等）及管网的大致分布、管径大小、水压高低等，以及雨水、污水的水量、排放方式、管网大体分布、管径大小及水的出处等。如有供暖需求，则要考虑供暖方式、负荷大小、锅炉房的位置等。总用电量、用电和用电系数、分区供电设施、配电方式、电缆的敷设以及各区各点的照明方式，广播、通信等位置。

（二）总体设计表现图

表现图是总体设计阶段至为关键的组成部分。表现图有全景或局部中心主要地段的断面图或主要景点鸟瞰图。由于甲方往往缺乏相应的专业知识，形象化的图纸是他们最易理解和感兴趣的。

1. 手绘表现

设计者应直观地表达公园景观设计的意图，客观地表现公园的景点、景观视廊、景物以及公园的景观形象，通过钢笔淡彩、水彩画、水粉画或其他绘画形式表现，都会取得较好效果。

2. 计算机辅助表达

现代计算机辅助技术，可利用三维建模技术实现对公园方案的三维空间表达，甚至可以模拟出真实的材料、光影和环境配景，达到逼真的现实效果。另外，还可利用计算机动画功能，为方案展现提供必要的动态画面，增强方案的表现力度。

3. 方案模型

模型在最终的表达上有着非常重要的作用。首先，模型具有直观的真实性和较强的可体验性，对于较大的、功能复杂的公园方案，模型的直观性非常有利于方案的展现。其次，对于非专业人士而言，模型的表现方式是对方案评价的最有效方式。

（三）总体设计说明书

总体设计说明书是指表达设计意图的文字说明。总体设计说明书的内容可以根据项目性质的不同，采取不同的表述方式，起到补充说明的作用。具体内容一般包括以下几个方面：

1. 位置、现状、面积、范围、游人容量；

2. 工程性质；

3. 设计原则和内容（地形地貌、空间构想、道路交通系统、竖向设计、河湖水系、建筑布局、种植等）；

4. 景观功能分区内容；

5. 管线、电信设计说明；

6. 经济技术指标；

7. 分期建设计划和环境质量评估等内容。

（四）总体匡算

匡算是指精确程度要求相对不高的估算。主要使设计者和委托方了解所需投资与预期值的差距，可按面积根据设计内容、工程复杂程度，结合常规经验进行匡算。

第三节
施工图设计阶段

施工图设计是设计程序中最后一个步骤，此时所用的设计元素应考虑细部处理和材料利用等细节问题。设计不能仅凭想象，也不能仅用文字描述，必须用设计图来表达。设计图纸是设计者与建设方或使用者之间最具体化的沟通工具。

完整的施工设计图文件应包括：图纸目录、设计说明、主要技术经济指标表、城市坐标网、场地建筑坐标网、坐标值、施工总图、竖向设计图、土方工程图，道路设计、广场设计、种植设计、水系设计、建筑设计、管线设计、电气管线设计、假山设计、雕塑小品设计、栏杆设计、标牌设计等的平面配置图，断面图、立面图、剖面图、节点大样图、鸟瞰图或透视图以及苗木规格和数量表，并编制工程预算书和施工规范。

一、施工总平面布置图

施工总平面布置图应反映出如下内容：

1. 场地四界的城市坐标和场地建筑坐标（或注尺寸）。

2. 建筑物、构筑物（人防工程、化粪池等隐蔽工程以虚线表示）定位的场地建筑坐标（或相互关系尺寸）、名称（或编号）、室内标高及层数。

3. 拆除旧建筑的范围边界，相邻单位的有关建筑物。构筑物的使用性质、耐火等级及层数。

4. 道路和明沟等控制点（起点、转折点、终点等）的场地建筑坐标（或相互关系尺寸）和标高，坡向箭头、平曲线要素等。

5. 指北针、风玫瑰。

6. 建筑物、构筑物使用编号时，列出建筑物、构筑物名称编号表。

7. 说明栏、尺寸单位、比例、城市坐标系统和高程系统的名称、城市坐标网与场地建筑坐标网的相互关系、补充图例、施工图的设计依据等。

二、竖向设计图

竖向设计图应反映出如下内容：

1. 地形等高线和地物。

2. 场地建筑坐标网、坐标值。

3. 场地外围的道路、铁路、河渠或地面的关键性标高。

4. 建筑物、构筑物的名称（或编号）、室内外设计标高（包括铁路专用线设计标高）。

5. 道路和明沟的起点、变坡点、转折点和终点等的设计标高（道路在路面中、阴沟在沟顶和沟底）、纵坡度。纵坡距、纵坡向、平曲线要素、竖曲线半径、关键性坐标，道路注明单面坡或双面坡。

6. 挡土墙、护坡或土坡等构筑物的坡顶和坡脚的设计标高。

7. 用高距0.10～0.50m的设计等高线表示设计地面起伏状况，或用坡向箭头表明设计地面坡向。

8. 指北针。

9. 说明栏中的尺寸单位、比例、高程系统的名称、补充图例等。

10. 当工程简单时，本图与总平面布置图可合并绘制。如路网复杂时，可按上述有关技术条件等内容单独绘制道路平面图。

三、土方工程图

土方工程图应反映出如下内容：

1. 地形等高线，原有的主要地形、地物。

2. 场地建筑坐标网、坐标值。

3. 场地四界的城市坐标和场地建筑坐标（或注尺寸）。

4. 设计的主要建筑物、构筑物。

5. 高距为0.25～1.00m的设计等高线。

6. 20m×20m或40m×40m的方格网，各方格点的原地面标高、设计标高、填挖高度、填区和挖区间的分界线、各方格土方量、总土方量。

7. 土方工程平衡表。

8. 指北针。

9. 说明栏杆尺寸单位、比例、补充图例、坐标和高程系统名称、弃土和取土地点，运距、施工要求等。

10. 本图亦可用其他方法表示，应便于平整场地的施工。

11. 场地不进行初平时可不出图，但应在竖向设计图上说明土方工程数量。如场地需进行机械或人工初平时，须正式出图。

四、管道综合图

管道综合图应反映出如下内容：

1. 场地四界的场地建筑坐标（或注尺寸）。

2. 各管线的平面布置，注明各管线与建筑物、构筑物的距离尺寸和管线的间距尺寸。

3. 场外管线接入点的位置及其城市和场地的建筑坐标。

4. 指北针。

5. 当管线布置涉及范围少于三个设备专业时，在总平面布置蓝图上绘制草图，不正式出图。如涉及范围在三个或三个以上设备专业时，对干管干线进行平面综合，必须正式出图；管线交叉密集的部分地点，适当增加断面图，表明管线与建筑物、构筑物、绿化以及合线之间的距离，并注明管道及地沟等的设计标高。

6. 说明栏内：尺寸单位、比例、补充图例。

图纸内容包括：平面图，表示管线及各种井口的具体位置、坐标，并注明每段管的长度、管径、高程以及接头详图等，每个井口都要有编号。原有干管用红线或黑色细线表示，新设计的管线及检查井，用不同符号的黑色粗线表示。剖面图，画出各号检查井口，用黑色粗线表示井内管线及截门等交接情况。

五、种植设计图

种植设计图应反映出如下内容：

1. 种植设计总平面布置图。

2. 场地四界的场地建筑坐标（或注尺寸）。

3. 植物种类及名称、行距和株距尺寸。群植位置范围，与建筑物、构筑物、道路或地上管线的距离、尺寸，各类植物数量（列表或旁注）。

4. 雕塑小品和美化构筑物的位置、场地建筑坐标（或与建筑物、构筑物的距离尺寸）、设计标高。

5. 指北针。

6. 说明栏内：尺寸单位、比例、图例、施工要求等。

六、详图

详图包括道路标准横断面、路面结构、混凝土路面分格、铁路路基标准横断面、小桥涵洞、挡土墙、护坡、环境雕塑小品等。

七、水系设计图

水景是旅游区景观中的一项重要构景元素。它不同于其他专业的图纸，有其独特的表达方法。总体来说，水系设计图应表明水体的平面位置和水体形状、大小、深浅及工程做法。

图纸内容包括：

1. 平面位置图。以施工总图为依据画出泉、小溪、河湖等水体及其附属物的平面位置。用细线画出坐标网，按水体形状画出各种水体的驳岸线、水底线和山石、汀步、小桥等位置，并分段注明岸边及池底的设计高程。最后，用粗线将岸边曲线画成折线，作为湖岸的施工线，用粗线加深山石轮廓线等。

2. 纵横剖面图。在水体平面及高程有变化的地方都要画出剖面图。通过这些剖面图表示出水体与驳岸、池底、山石、汀步及岸边处理的关系。

3. 进水口、溢水口、泄水口大样图。如暗沟、窨井、厕所粪池等，以及池岸、池底工程做法详图。

4. 水池循环管道平面图。在水池平面位置图的基础上，用粗线将循环管道的走向。位置画出，注明管径，每段长度、标高以及潜水泵型号，并加以简单说明，确定所选管材及防护措施，表明各设施的平面关系和它们的准确位置。标出放线的坐标网、基点、基线位置。

八、道路广场设计图

道路广场设计图主要表明区内各种道路和广场的具体位置、宽度、高程、纵横坡度、排水方向；路面做法、结构、路肩的安装与绿地的关系；道路、广场的交接、拐弯、交叉路口、不同等级道路的衔接、铺装大样、回车道、停车场等。

图纸内容包括：

1. 平面图。依照道路系统规划，在施工总图的基础上，用粗细不同的线条画出各种道路广场、台阶、道路的位置。在主要道路的变坡点和交叉点，注明每段的高程、纵坡坡度的坡向（黑色细箭头标示）等。

2. 剖面图。比例一般为1：20，首先画一段平面大样图，表示路面的尺寸和材料铺设方法，然后在其下方作剖面图，表示路面的宽度及具体材料的拼接构造（面层、垫层、基层等）、厚度、做法。每个剖面都编号，并与平面图配套。

3. 路口交接示意图。用黑色细线画出坐标网，用黑色粗线画出路边线，用线条画出路面内铺装材料拼接、摆放等，做出路口交接示意图。

九、建筑设计图

表现各区建筑的位置和建筑物单体及组合的尺寸、式样、大小、颜色和做法等。如以施工总图为基础，画出建筑物的平面位置、建筑底层平面。建筑物各方向的剖面图、屋顶平面图、必要的大样图、建筑结构图及建筑庭园中活动设施工程、设备、装修设计图。

十、照明设计图

在电气规划图的基础上，将各种电气设备、灯具位置及电缆走向位置等标示清楚。在种植设计图的基础上，用黑色粗线标示出各路电缆的走向、位置及各种灯的灯位及编号、电源接口位置等。注明各路用电量、电缆选型敷设、灯具选型及颜色要求等。

08

第八章

设计实践

设计步骤

城市公园作为城市生态环境的重要组成部分，其设计不仅涉及城市规划、建筑设计、园林景观设计等多个领域，还兼顾公园的功能性和美学性。本章将从城市公园景观系统美学原则与功能设计出发，阐述城市公园设计的步骤。

一、第一步：进行项目的前期调研与分析

设计师需要对公园所在的城市环境、地理特征、历史文化背景、社区需求等进行深入研究，以便对公园的设计定位、功能布局、景观风格等做出准确的判断。此外，设计师还需要对公园的现状进行实地考察，了解公园的地形地貌、植被分布、水系状况等，以便在设计中充分利用现有资源，实现公园的生态和谐与可持续发展。在这一步中，设计师需要对项目的地理位置、环境条件、历史背景、公园需求等进行深入的研究和分析。这些信息将为接下来的设计提供重要参考。

二、第二步：确定设计目标和设计原则，提出设计概念

设计目标是指公园设计要达到的效果，如满足社区居民的休闲娱乐需求、提升城市景观质量、保护和利用生态环境等。设计原则是指导公园设计的基本规则，如遵循生态原则、人文原则、美学原则、功能性原则等。这一步是公园设计的核心，它决定了公园的整体框架和主要特征。在这一步中，设计师将根据项目分析的结果，提出初步的设计概念。这可能包括对空间布局、功能区域、主题元素等的设想。概念设计是一个创新和探索的过程，设计师需要运用他们的专业知识和创新思维，提出独特而又实用的设计方案。

三、第三步：方案设计

设计方案是根据设计目标和设计原则，对公园的空间布局、功能区划、景观元素配置、环境艺术处理等进行具体设计。在这一步中，设计师将对概念设计进行详细的设计和规划，包括对空间布局、功能区域、主题元素等的具体设计。方案设计需要设计师具有丰富的专业知识和实践经验，以确保设计方案的可行性和实用性。设计方案应具有创新性和实用性，既要体现公园的特色，又要满足公众的使用需求。此外，设计方案还需要考虑公园的建设成本和维护管理，以确保公园的经济效益和社会效益。

四、第四步：进行设计方案的评估和修改

设计方案评估是通过专家评审、公众参与、模拟分析等方式，对设计方案的合理性、可行性、效果预期等进行评价。根据评估结果，设计师需要对设计方案进行适当修改和优化，以提高公园设计的质量和满意度。

五、第五步：进行施工图设计和施工监理

在这一步中，设计师需要将方案设计转化为具体的施工图，包括平面图、立面图、剖面图等。施工图设计是一个技术性很强的过程，需要设计师具有专业的绘图技能和施工知识。设计方案的实施包括公园的建设和施工，需要按照设计方案的要求，确保公园的建设质量和工期。后期管理则包括公园的维护保养、设施更新、活动组织等，需要根据公园的使用情况和公众的反馈，不断优化公园的服务和环境。设计师需要对施工过程进行监督和管理，确保施工的质量和进度符合设计要求。这需要设计师具有丰富的施工经验和管理能力。

总的来说，城市公园设计是一个系统性和复杂性的工作，需要设计师具有扎实的专业知识、敏锐的审美观念、丰富的实践经验和高度的社会责任感。只有这样，才能设计出既有美学价值，又有功能性；既融入城市环境，又体现公园特色的优秀城市公园。总的来说，景观设计的设计步骤包括项目分析、概念设计、方案设计、施工图设计和施工监理。每一步都需要设计师具有专业的知识和技能，只有这样，才能设计出既美观又实用的景观。

一、设计理论和政策背景

（一）设计理论

工业遗产景观研究领域兴起于20世纪60～70年代，90年代取得迅速发展，随着对工业遗产的不断探索与实践，工业遗产景观逐渐形成系统化的理论和实践成果。理论上，哈佛大学设计学院（GSD）尼尔·柯克伍德教授在《工业用地：后工业景观的再思考》中关注工业生产和污染物对工业遗产景观和地性场地设计的影响；查尔斯·瓦尔德海姆在《景观都市主义》中系统总结了城市工业废弃地作为公共景观的潜在价值；伊安·麦克哈格在《设计结合自然》书中提出，将生态理论原理与工业遗产规划相结合，形成理论与实践"可持续发展"的生态保护体系。在实践方面，1969年理查德·哈格设计的西雅图煤气厂公园，是工业遗产运用于城市公园设计的典范之一。在这个项目中哈格保留了煤气厂的核心建筑和设施，如大型煤气罐和煤气加压站，将其转化为公园的主要景观元素，并在公园中引入了大量的植被和水体，以平衡工业遗产的硬朗和冷峻。此外，哈格还在公园中设置了多个活动区域和社交空间，以满足城市居民的需求。西雅图煤气厂公园的设计中，成功地将工业遗产与城市公园相结合，并通过巧妙的策略和方法，创造出了一个兼具历史价值和现代功能的城市绿地。这一经验对于今后的城市公园设计有着重要的借鉴意义。1990年彼得·拉茨在北杜伊斯堡景观公园的设计实践对后世产生了重要影响。该公园的设计灵感来源于当地的钢铁工业历史，拉茨将工业遗产融入到公园的设计中，使得公园成了一个充满历史感和现代气息的城市绿地。在公园中可以看到许多工业遗迹，如高炉、烟囱等，这些遗迹成了公园的标志性建筑，也成为游客们拍照留念的背景。设计师秉持结构主义的设计思想，将园内整体工业结构完整保留下来，表达了尊重原有场地的空间形态、注重工业文化延续与传承的设计理念。北杜伊斯堡景观公园的成功，证明了工业遗产有效利用可以成为城市公园设计的重要策略和方法之一。通过巧妙地融合历史文化和现代功能需求，创造出更加多元化和有价值的城市绿地，为市民和游客提供更好的休闲体验。

我国关于工业遗产的研究大致出现在20世纪90年代中后期，在21世纪初关于工业遗产的概念被引入我国。在工业遗产景观方面，20世纪90年代关于工业遗产景观的设计理论相继出现，众多学者研究成果颇丰。在工业遗产理论方面，清华大学的刘伯英主要在工业遗产保护和工业遗产的发展进行总结和展望、东北大学的刘抚英在对地方性工业遗产考察研究及分类体系研究进行总结、北京大学的阙维民对世界工业遗产的研究以及世界遗产对中国的工业遗产适应性再利用方面进行深入研究等，以上学者对该领域有极大的推动作用。在实践研究方面，最具代表性的有俞孔坚教授改造的广州中山岐江公园，开辟了国内工业遗产景观更新设计的先河。首钢城市公园作为承办2022冬奥会部分场馆，立足于首钢园三高炉工业遗址，在设计上采用了最新的3D mapping、全息投影以及多种声光电技术，为观众创造了一个可以沉浸体验的"未来空间"，呈现出首钢三高炉工业遗址新的城市公园的功能。

（二）政策背景

2014年8月，国家文物局、中国文化遗产研究院发布《工业遗产保护和利用导则》（办保函〔2014〕758号），明确了工业遗产保护的重要性和必要性，提出了保护工业遗产的基本原则和指导思想。对工业遗产的分类进行了详细介绍，并提出了相应的保护和利用措施。2017年11月，国家旅游局、全国旅游资源规划开发质量评定委员会制定《关于推出10个国家工业遗产旅游基地的公告》，宣布推出10个国家工业遗产作为旅游业的新亮点。基地位于北京、上海、广东、湖南、江苏、山东等地，涵盖了不同类型的工业遗产，如钢铁、石油、纺织等，每个基地都有其独特的历史背景和文化内涵。2020年6月，国家发展改革委员会、工业和信息化部以及国务院国资委等发布《推动老工业城市工业遗产保护利用实施方案》（发改振兴〔2020〕839号），推动老工业城市的转型升级和城市经济的可持续发展具有重要意义。通过保护和利用工业遗产，提高城市文化软实力，促进旅游业发展，同时也可以促进相关产业的发展，增强城市经济的活力和竞争力。本案例就是在这样的政策背景下展开的，探讨如何将废弃厂房活化为城市有机空间，将消极空间转变为城市公园绿地。

二、设计实践：重庆美术公园九龙电厂片区方案设计（该项目立项为重庆市重点规划课题）

（一）空间的文化功能定位

2018年以来，重庆市规划局颁布《"两江四岸"城市发展主轴规划研究》，围绕"两江四岸"的中心城区为发展主轴。重庆市发电厂片区为"两江四岸"内最具代表性的项目，将以四川美术学院为依托，以重庆发电厂工业遗址为核心，打造高品质城市艺术主题公园——重庆市美术公园。重庆美术公园总面积7.1公顷，以长江文化艺术湾区美术半岛控制性详规为依据展开设计，规划红线范围将四川美术学院、黄桷坪涂鸦街、街区商住等地块进行无缝链接，使艺术的感染力从核心区无间隔地辐射到社区，将重庆电厂这一伴随四川美术学院共存半个多世纪的工业遗址改造成社会美育的艺术场域。

重庆市美术公园规划范围包括重庆发电厂片区、重庆九龙发电厂片区、黄桷坪部分社区和九龙滨江上街、下街片区。本案介绍的设计内容主要是重庆美术公园的九龙发电厂片区的改造利用。九龙发电厂位于重庆市九龙坡区，地处重庆市主城核心区，紧邻四川美术学院（黄桷坪校区）、黄桷坪涂鸦街和501艺术基地等为代表的艺术文化地标。九龙发电厂片区作为区域内的重要工业遗存，具有丰富的历史文化内涵。改造后的片区将保留原有的工业遗迹，同时将其与现代艺术相结合，打造成一个集艺术、文化、休闲、娱乐于一体的综合性公园。这不仅能够为市民提供一个优美的休闲场所，也能够让更多人了解到九龙发电厂的历史和文化价值。此次改造的意义不仅在于保护和利用历史遗产，更在于为城市注入新的文化内涵和活力。通过将工业遗产与现代艺术相结合，可以让人们更好地感受到历史与现代的交融，同时也能够激发人们对于文化遗产保护的意识和热情，相信在不久的将来，这里将成为一个吸引人们前来游览、休闲和欣赏艺术的热门城市公园。

（二）历史概况和场地现状

重庆九龙发电厂于1994年6月成立，1996年正式投入运行。随着城市的快速发展，传统工业模式逐渐被淘汰，2014年10月九龙发电厂正式关停，这也意味着重庆主城火力发电的正式终结。1994～2014年，重庆九龙发电厂在过往的二十余年间，承载着一代人的情感记忆，作为重庆城市工业文脉的传承起到了重要的作用。

1. 空间现状

该地块总面积约8万m²，整块场地由南向北呈现断崖式升高，地形高差约为8m。通过对场地的调研和总结得出，该工业厂区地势较为平坦，片区内存有大面积的工业厂房和构筑物。道路系统较为单一，主要以车行道为主。由于长时间无人管理，景观结构较为杂乱，植被杂乱无章，植物多以大乔木为主。该地块由于搬迁导致场地内存有大量的建筑垃圾，呈现荒废的状态。（图8-2-1）

2. 工业设施现状

九龙电厂内部还存留大量的工业厂房和设施，其中大多是依据生产需求建构的工业空间，在空间尺度上与民用建筑有较大差异。场地内现存生产车间、工业厂棚和办公用房等为主要的工业建筑，大多数办公建筑以砖混结构为主，部分生产厂房为混凝土框架结构，构筑物主要以钢结构形式呈现。（图8-2-2、图8-2-3、表8-2-1）

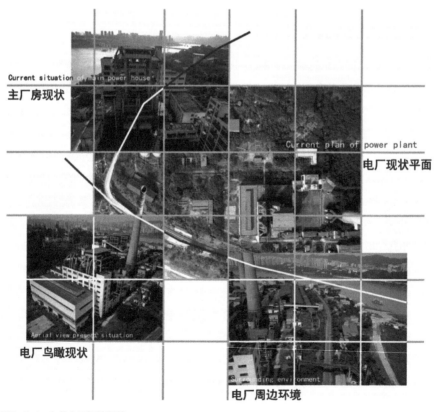

图8-2-1 九龙电厂场地现状

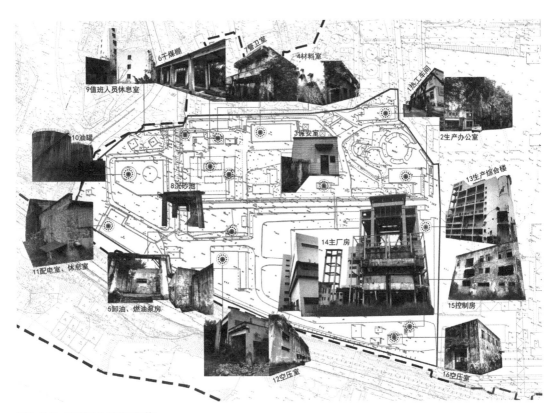

图8-2-2 主要工业厂房和设施

保留建筑21栋

修复建筑14栋

改造建筑7栋

拆除建筑18栋

图8-2-3 拆除与保留建筑统计平面位置图

　　　　　　　　　　　　　　　　　　　　　　　　表8-2-1

编号	结构	层数	有无图纸	是否拆除	照片
1	砖混	1	无	是	
2	砖混	2	无	是	
3	砖混	2	无	是	
4	砖混	1	无	是	
5	砖混	2	无	是	
6	砖混	2	无	是	
7	砖混	2	无	建议保留	
8	砖混	3	无	建议保留	
9	钢混	6	有	建议保留	
10	钢混	7	有	建议保留	
11	钢混	5	有	建议保留	
12	钢混	2	有	否	
13	砖混	1	无	否	
14	钢混	7	无	否	
15	砖混	4	无	建议保留	
16	砖混	2	无	建议保留	
17	砖混	1	无	是	

编号	结构	层数	有无图纸	是否拆除	照片
18	砖混	1	无	是	
19	钢混	无	无	是	
20	砖混	4	有	建议保留	
21	砖混	1	无	否	
22	砖混	1	无	否	
23	钢架	1	无	建议保留	
24	钢架	1	无	是	
25	砖混	1	无	是	
26	砖混	2	无	是	
27	砖混	6	无	否	
28	砖混	2	无	是	
29	砖混	6	无	否	
30	砖混	2	无	是	
31	砖混	3	无	建议保留	

编号	结构	层数	有无图纸	是否拆除	照片
32	砖混	2	无	是	
33	砖混	1	无	是	
34	砖混	2	无	是	
35	砖混	1	无	否	
36	钢	3	无	否	

（三）设计策略

本次设计以工业遗产为基础，在主题上依托四川美术学院（黄桷坪校区），打造以美术为主题的城市公园。从工业遗产中寻找灵感，采取重历史、微改造、巧利用的设计方法，从根本上将历史、环境、创新与大众对艺术的理解、互动结合为一体。设计手法上以"艺术介入"为主要方法，保留、保护电厂遗址主体，创造美术公园特殊的视觉效果，更新设计观念和体验方式。保留原始场地中的工业景观，构建多样性活动空间，营造具有体验性的公园空间。

重庆美术公园是一个集文化、艺术和自然景观于一体的城市公园，而九龙发电厂片区作为区域内重要的工业遗存，为其提供了有利的文化内涵和历史价值。在保护策略下，如何将工业遗产转换成为城市公园，并创造有价值的城市公园节点空间，是当前城市规划和文化保护面临的重要课题。在本次设计中，提出"微改造"策略。微改造是指对现有空间进行小规模、局部的改造，以满足新的需求和功能。在九龙发电厂片区，采取"保留原貌、增设功能"的策略，即在尽可能保持原有建筑结构和工业设施的基础上，增加公园所需的功能设施，如休息区、游玩设施、展示区等，将工业遗产转换成为城市公园。（图8-2-4、图8-2-5）

具体来说，可以通过以下几个方面进行微改造：

1. 保护修缮

保护与修缮是微改造的基础。在保护策略下，应对九龙发电厂片区进行全面的保护和修缮，并尽可能地保留原有的建筑结构和外观。同时，也要针对其存在的问题进行修缮和加固，确保其安全可靠。（图8-2-6、图8-2-7）

2. 功能转换

功能转换是将工业遗产转换成为城市公园的重要手段，微改造策略强调利用原有的工业遗产创造有价值的城市公园节点空间。在九龙发电厂片区的改造中，我们可以通过设计创新的空间节点，如观景

图8-2-4　重庆美术公园平面图

图8-2-5　重庆美术公园鸟瞰图

图8-2-6　服务中心改造前后效果对比

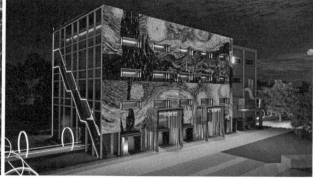

图8-2-7 文创书店改造前后效果

图8-2-8 青少年美术
活动中心

图8-2-9 美术活动中
心小广场

台、休息区、展示区、儿童游戏区等，将这些节点与原有的工业遗产相结合，形成独特的景观特色，吸
引游客参观和体验。比如，在厂房内设置艺术展览馆、文化创意产业园等，为公众提供各种文化艺术体
验；在机房内设置音乐厅、剧场等，为公众提供高品质的演出和表演；在周边设置公共广场、花园等，
为公众提供休闲娱乐和社交活动的场所。（图8-2-8~图8-2-11）

图8-2-10 儿童游戏区

图8-2-11 颜料管滑滑梯

3. 增加植被

绿化与景观设计是打造城市公园的关键。在九龙发电厂片区，可以通过增加绿化面积、引入自然景观等方式，打造出具有浓郁自然气息的城市公园。同时也要注重景观设计，将工业遗产与自然景观融合在一起，创造出独特的城市公园风貌。（图8-2-12、图8-2-13）

4. 重塑价值

文化内涵与历史价值是九龙发电厂片区最为重要的特色。在微改造过程中，要充分挖掘其文化内涵和历史价值，通过展示历史文物、举办文化活动等方式，让公众更好地了解和感受工业遗产所蕴含的历史和文化价值。（图8-2-14、图8-2-15）

总的来说，通过微改造策略，我们可以在尊重和保护工业遗产的前提下，将其转化为富有历史文化内涵的城市公园，创造有价值的城市公园节点空间。这不仅可以提升城市的文化品位和历史记忆，也可以为城市居民提供休闲和娱乐空间，增强城市的活力和吸引力，满足公众对于文化、艺术和自然景观的需求，促进城市经济和文化发展。微改造策略的实施对工业遗产保护和利用的一种创新尝试，有助于推动我国工业遗产保护和利用的发展。

图8-2-12 生态荷
花池

图8-2-13 亲子攀
爬区

图8-2-14 文创秀场改造前后效果

图8-2-15　油罐秀场改造前后效果

第三节

设计实践：二十四节气公园设计

（该项目获得2023年重庆市艺术设计大展 银奖）

一、设计理论和政策背景

（一）设计理论

文化遗产在当下的社会经济运转模式中，具有整合规划空间、优化环境品质等多个维度的潜力。本设计实践中选用二十四节气作为主题，它是我国优秀的非物质文化遗产，是劳动人民的智慧结晶。将二十四节气等文化遗产进行活化处理，不仅能够保护和传承优秀文化，还能在活化过程中助力提升人居环境质量，推动区域社会经济的可持续发展。

传统二十四节气作为中国传统文化的重要组成部分，其涵盖的时间和空间范围广泛，对人类社会的农业生产和生活起到了重要的影响。因此，以二十四节气为设计理念的城市公园，不仅可以展示中国传统文化的魅力，更能够满足人们对于自然环境和文化传承的需求。且具有深厚的理论基础和广泛的政策支持。在未来，随着人们对于生态环保和文化传承的需求不断提升，相信这种设计理念将会在城市公园建设中发挥越来越重要的作用。

（二）政策背景

在政策背景方面，国家对于城市公园建设的重视程度也在逐渐提升。2017年，国家颁布了《城市公园条例》，明确规定了城市公园的建设、管理和保护等方面的内容。此外，国家还出台了一系列相关政策和规划，如《国家公园体制试点方案》《全国森林城市创建工作方案》等，为城市公园的建设提供了政策支持和保障。以二十四节气为设计理念的城市公园设计也符合当下人们对于生态环保和文化传承的追求。在城市化进程中，自然环境和文化遗产的保护已成为重要议题。以二十四节气为设计理念的城市公园，在保护自然环境和传承文化方面具有独特的优势。它不仅可以打造出独具特色的公园景观，更能够促进人们对于自然和文化的认识和理解。

二、节气主题公园对于青少年群体的价值和意义

二十四节气是中国传统文化的重要组成部分，是千百年劳动生产过程中形成的知识成果，是人们在实践中验证的智慧结晶。然而，随着科技的发展，现代人们对于二十四节气的认知逐渐减少，特别是青少年群体，对于这一文化知之甚少。首先，二十四节气公园设计有助于传承和弘扬中国传统文化。通过将二十四节气中的典型文化进行转译，并将其应用于城市公园主题景观空间营造中，可以让青少年群体更好地了解和认识中国传统文化，从而传承和弘扬这一文化。其次，二十四节气公园设计有助于提高青

少年群体的环保意识。在公园设计中，可以将二十四节气与植物学相结合，通过种植相应的植物来呈现不同的节气，从而让青少年群体更好地了解植物的生长规律和生态环境，增强他们的环保意识。再次，二十四节气公园设计有助于促进青少年群体的身心健康。在公园设计中，可以根据不同的节气设置不同的主题活动，如春分时可以进行植树活动，夏至时可以进行水上运动等，这些活动不仅有助于锻炼身体，还可以缓解青少年群体的心理压力，促进其身心健康。二十四节气公园设计有助于提高青少年群体的创造力和创新能力。在公园设计中，可以结合民俗学等多种手段，创新性地呈现二十四节气的文化内涵，从而激发青少年群体的创造力和创新能力。（图8-3-1、图8-3-2）

综上所述，二十四节气公园设计对于青少年群体具有重要的价值和意义。它不仅有助于传承和弘扬中国传统文化，提高青少年群体的环保意识和身心健康水平，还可以促进他们的创造和创新能力。因此，在今后的城市公园设计中，应该更加注重二十四节气文化的应用和传承。

三、设计策略

二十四节气是古代中国农耕文明的重要产物，是我国古人在长期农业生产实践中，对自然规律的认知和总结。它们是中国传统文化的重要组成部分，具有深厚的历史文化内涵和实践意义。然而，随着科技的发展，尤其是气象学的进步，现代青少年对二十四节气文化的了解和认识明显不足。本设计实践探索从空间环境的营造角度，将传统节气文化借助植物学、民俗学、设计学等转译手段，将其中典型文化进行转译。把二十四节气中的物候、习俗、现象等，用于城市公园主题景观空间营造，青少年群体通过参与主题公园活动，学习和了解中国节气文化。（图8-3-3）

具体来说，二十四节气公园设计的具体策略包括以下几个方面（图8-3-4）：

（一）文化性策略：营造符合节气特征的景观环境

二十四节气公园的设计应该根据不同节气的特点，营造出符合其特征的景观环境。设计策略的核心是以二十四节气为主题，通过营造不同的空间环境，将节气的物候、习俗、现象等元素融入到城市公园的设计中。通过植物的种植配置，春分时节的桃花、夏至时节的荷花、秋分时节的菊花、冬至时节的梅花等反映出不同节气的物候变化。同时，通过设置不同的活动空间，让公园参观者在参与习俗活动的过程中，感受节气的变化和节气文化的魅力。在"立春"这个节气中，营造出春意盎然的景象，利用春花、新绿等元素来打造一个充满生机和活力的景观环境。在"大雪"这个节气中，营造出寒冷、冬雪纷飞的景象，利用雪景、冰雕等元素来打造一个寒冷而神秘的景观环境。

（二）叙事性策略：融入节气故事

在二十四节气公园中，应该融入丰富的节气文化故事。事件性在空间设计中代表的是在特定空间中可以进行的事件总和，事件性有益于烘托空间氛围，提升空间活力。在二十四节气社区花园的设计中，可以依据节气文化主题来引出一些事件，并以事件为基础，因地制宜地开展主题活动。通过活动的开展，将人们融入到同一个情境中，拉近空间距离，从而增进彼此的交流，有益于共创文化认同。

在"冬至"这个节气中，则可以设置传统的吃饺子活动，并在公园内设置展示饺子制作过程和历史文化的展览。公园不仅是一个展示节气文化的场所，也是一个社区的公共空间。通过设置一些社区

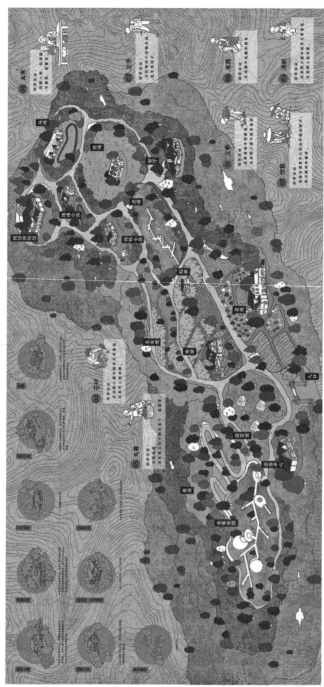

图8-3-1 场地分析与总图设计

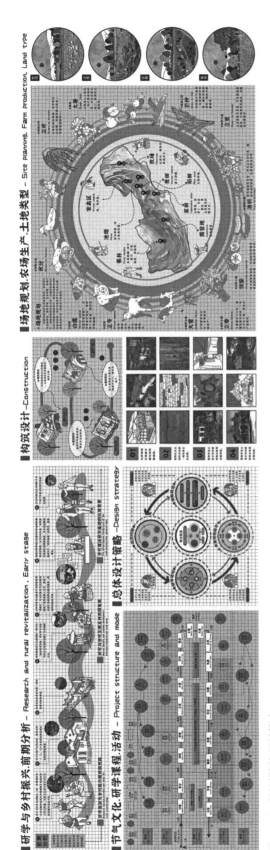

图8-3-2 场地规划与设计策略

图8-3-3 空间节点

活动，如节气主题的手工艺活动、烹饪活动、音乐会等，让公园成为社区居民交流、互动的场所，同时也让节气文化在社区中得到更广泛的传播。在"谷雨"这个节气中，可以开展"春游"主题活动，在公园内组织游客进行野餐、赏花等活动。在"大雪"这个节气中，开展"冰雪嘉年华"主题活动，在公园内组织游客进行滑冰、滑雪等活动。通过这些主题活动和故事，可以让青少年更好地了解和感受到二十四节气的传统文化。叙事性营造的在地化显得格外重要，事件性的策划必须紧紧围绕二十四节气这个主题，随着实际情形的变化，创设出富含文化底蕴、能有效利用当地资源的方案，使活动更能达到青少年群体的需求。

（三）功能性策略：设置互动体验区

在二十四节气公园的设计中，功能性意指该主题式公园作为功能性载体，为使用者带来的体验功用。为了吸引更多的人来参与到二十四节气公园中，我们在公园内设置一些互动体验区。为了更好地传播节气文化，设计利用现代设计手段，将节气文化与现代生活紧密结合。设计互动式的展示设施，通过数字化、视觉化的方式，让公园参观者更直观地了解节气的知识；同时通过设置一些节气主题的互动活动，让公园参观者在参与活动的过程中，体验节气文化的乐趣。通过互动体验区，不仅可以增加游客的参与度，还可以让游客更好地了解和感受到二十四节气文化。

总的来说，二十四节气公园设计的策略包括文化性策略、叙事性策略和功能性策略，通过主题化的空间营造、互动式的展示手段和可持续性的设计，将二十四节气的文化精髓转译并传承下来，让更多的人了解和感受到节气文化的魅力。二十四节气公园设计实践根据不同节气的特点，营造出符合其特征的景观环境，并融入丰富的节气文化元素，在公园内设置互动体验区和开展主题活动，让更多的人了解和认识中国传统文化中的重要组成部分——二十四节气。

图8-3-4 文化性策略、叙事性策略和功能性策略

参考文献

[1] 中国勘察设计协会园林设计分会. 风景园林设计资料集：园林绿地总体设计[M]. 北京：中国建筑工业出版社，2006.

[2] 中华人民共和国住房和城乡建设部. 公园设计规范CJJ 48—92[S]. 北京：中国建筑工业出版社，2008.

[3] 景长顺. 风景园林手册系列——公园工作手册[M]. 北京：中国建筑工业出版社，2008.

[4] 邓涛. 旅游区景观设计原理[M]. 北京：中国建筑工业出版社，2007.

[5] 孙明. 城市园林：园林设计类型与方法[M]. 天津：天津大学出版社，2007.

[6] 刘滨谊. 现代景观规划设计[M]. 南京：东南大学出版社，2007.

[7] 封云，林磊. 公园绿地规划设计[M]. 北京：中国林业出版社，2004.

[8] 许浩. 城市景观规划设计理论与技法[M]. 北京：中国建筑工业出版社，2008.

[9] 邓毅. 城市生态公园规划设计方法[M]. 北京：中国建筑工业出版社，2007.

[10] 祝薇雅，李鹏波. 基于参数化设计方法的城市公园植物景观布局设计——以天津市水西庄公园为例[J]. 中国园林，2022.

[11] 盘毅.《城市公园植物景观设计》下的城市公园绿地有机规划的可持续性发展探讨[J]. 环境工程，2020.

[12] 梁爽. 申辉，园林植物设计思路及色彩的运用探究[J]. 建材与装饰，2020.

[13] 于宁. 城市公园植物景观设计应用研究[D]. 重庆：重庆师范大学，2019.

[14] 赵秋月，刘健，余坤勇. 基于SBE法和植物组合色彩量化分析的公园植物配置研究[J]. 西北林学院学报，2018.

[15] 巴梦真. 西安城市公园植物景观设计方法研究[D]. 西安：长安大学，2018.

[16] 王向歌，张建林. 基于城市景观视觉的山地公园植物景观规划设计研究[J]. 西南师范大学学报（自然科学版），2017.

[17] 杨璇，秦华. 基于引鸟途径的重庆城市公园植物景观设计方法研究[J]. 西南师范大学学报（自然科学版），2016.

[18] 段斌. 公园园林植物的配置设计[J]. 现代园艺，2016.

[19] 杨程程，王云. 城市公园游憩型草坪空间的植物配置——以上海城市公园为例[J]. 上海交通大学学报（农业科学版），2012.

[20] 刘文军，韩寂. 建筑小环境设计[M]. 上海：同济大学出版社，2006.

[21] 乌多·维拉赫. 当代欧洲花园[M]. 曾洪立，译. 北京：中国建筑工业出版社，2006.

[22] 西蒙·贝尔. 景观的视觉设计要素[M]. 王文彤，译. 北京：中国建筑工业出版社，2004.

[23] 胡长龙. 城市园林绿化设计[M]. 上海：上海科学技术出版社，2003.

[24] 孟刚，李岚，李瑞冬. 城市公园设计[M]. 上海：同济大学出版社，2005.

[25] 郭凤平，方建斌. 中外园林史[M]. 北京：中国建筑工业出版社，2005.

[26] 束晨阳. 城市景观元素[M]. 北京：中国建筑工业出版社，2002.

[27] 卡特琳·格鲁. 艺术介入空间[M]. 姚孟吟，译. 桂林：广西师范大学出版社，2005.

[28] 扬·盖尔. 交往与空间[M]. 何人可，译. 北京：中国建筑工业出版社，1992.

[29] 芦原义信. 外部空间设计[M]. 尹培桐，译. 北京：中国建筑工业出版社，1985.

[30] 刘滨谊. 城市滨水区景观规划设计[M]. 南京：东南大学出版社，2006.

[31] 王向荣，林箐. 西方现代景观设计的理论与实践[M]. 北京：中国建筑工业出版社，2002.

[32] 王受之. 世界现代建筑史[M]. 北京：中国建筑工业出版社，1999.

[33] 许力. 后现代主义建筑20讲[M]. 上海：上海社会科学院出版社，2005.

[34] 陈晓彤. 传承·整合与嬗变——美国景观设计发展研究[M]. 南京：东南大学出版社，2005.

[35] 俞孔坚. 景观设计：专业学科与教育[M]. 北京：中国建筑工业出版社，1999.

[36] 约翰·西蒙兹. 景观设计学——场地规划与设计手册[M]. 北京：中国建筑工业出版社，2000.

[37] 谭晖. 城市公园景观设计[M]. 重庆：西南师范大学出版社，2011.

[38] 金俊. 理想景观[M]. 南京：东南大学出版社，2003.

[39] 艾伦·泰特. 城市公园设计[M]. 周玉鹏，等，译. 北京：中国建筑工业出版社，2005.

[40] 赫曼·赫茨伯格. 空间与建筑师[M]. 刘大馨，等，译. 天津：天津大学出版社，2004.

[41] 乔治·哈格里夫斯. 洛杉矶河专题设计[M]. 北京：中国建筑工业出版社，2005.

[42] 徐磊青，杨公侠. 环境心理学[M]. 上海：同济大学出版社，2002.

[43] 彭一刚. 建筑空间组合论[M]. 北京：中国建筑工业出版社，1995.

[44] 李敏. 城市绿地系统与人居环境规划[M]. 北京：中国建筑工业出版社，1999.

[45] 费箐. 超媒介当代艺术与建筑[M]. 北京：中国建筑工业出版社，2005.

[46] 王受之. 世界现代设计史[M]. 北京：中国建筑工业出版社，2001.

[47] 俞孔坚. 景观：文化、生态与感知[M]. 上海：商务印书馆，1998.

[48] 夏祖华，黄伟康. 城市空间设计[M]. 南京：东南大学出版社，1992.

[49] I·L麦克哈格. 设计结合自然[M]. 芮经纬，译. 北京：中国建筑工业出版社，1992.

[50] 唐军. 追问百年——西方景观建筑学的价值批判[M]. 南京：东南大学出版社，2004.